ACTION D'UN POIDS

SUR LES PIEDS D'UNE TABLE,

ET

APPLICATIONS AUX CONSTRUCTIONS.

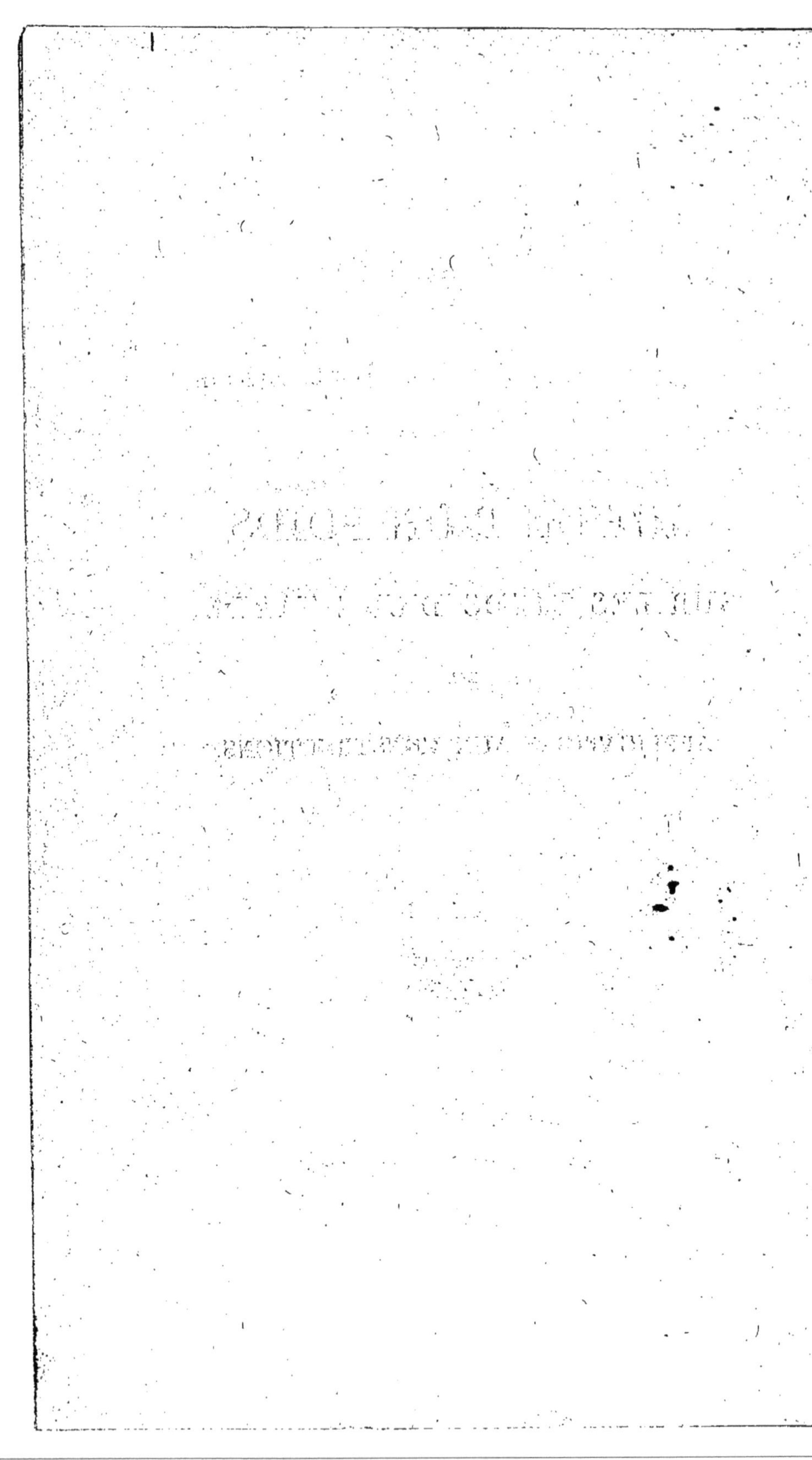

ESSAI

SUR LA MANIÈRE

DONT

UN POIDS AGIT SUR SES DIVERS APPUIS,

PAR L'INTERMÉDIAIRE

D'UNE TABLE HORIZONTALE ET INFLEXIBLE,

SUIVI

DE QUELQUES APPLICATIONS QU'ON EN PEUT FAIRE AUX CONSTRUCTIONS.

PAR M. BÉTOURNÉ, JEUNE,

Ingénieur ordinaire du Corps Royal des Ponts et Chaussées dans le département de Maine et Loire.

ANGERS,

CHEZ AUGUSTE MAME, IMPRIMEUR DU ROI.

1820.

*A MM. de l'*ACADÉMIE *des Sciences, Arts et Belles-Lettres de la ville de Caen.*

MESSIEURS,

J'ai été redevable à la Patrie, dans l'école centrale du Calvados, le lycée de Moulins, celui de Caen et l'école polytechnique de la capitale, d'une éducation presque gratuite, qui m'offroit en perspective un emploi avantageux et honorable auquel je suis parvenu. C'est un bienfait inappréciable que je cherche tous les jours à reconnoître, en m'acquittant de mes devoirs avec tout le zèle et l'application dont je suis capable. Mais en général, il ne suffit pas de faire ce que l'on doit strictement; car s'il est vrai qu'on est bien près de rester en deçà de la ligne de ses obligations, quand on prétend en fixer la limite précise, cette remarque paroît s'appliquer particulièrement au devoir de la reconnoissance, dont l'étendue n'est calculée que par ceux qui sont disposés à en secouer le fardeau. Pour une âme honnête, ce sentiment ne sera jamais pénible à l'égard de notre Patrie, surtout de-

puis que l'attachement que nous lui portons naturellement est inséparable de l'amour d'un Roi désiré qui lui a été rendu, et qui semble plutôt le père que le maître de ses sujets.

J'ai donc consacré les loisirs que me laissent quelquefois les occupations de mon état, à des recherches qui pussent être utiles ou intéressantes, sinon pour le public, au moins pour le Corps dont je fais partie. Je m'estimerois trop heureux si j'avois atteint le but que je me suis proposé. Une juste défiance de mes forces doit me faire craindre de m'être abusé, quand j'ai cru posséder la solution d'une question assez difficile et assez curieuse, pour avoir déjà attiré l'attention de plusieurs savans. S'ils s'en sont occupés en vain, comment pourrois-je me flatter d'avoir mieux réussi? S'ils en ont donné une solution quelconque, comment oserois-je mettre celle-ci en concurrence avec la leur? Mais si le hasard m'avoit fait imaginer le même système que celui de quelques devanciers, il ne me resteroit qu'à protester de l'ignorance complette dans laquelle m'ont laissé à cet égard les nombreuses informations que j'en avois prises. Cette connoissance m'eût épargné beaucoup de travail; au surplus, toute désagréable que pourroit paroître une telle circonstance si elle a lieu, elle me procureroit au moins la satisfaction intérieure de participer au mérite de l'invention. Si, au contraire, mes efforts ont été absolument infructueux, je m'en consolerai par l'idée qu'il est toujours louable de chercher la vérité : en effet, celui qui ne l'a point trouvée, étoit peut-être néanmoins sur la voie; et s'il n'y étoit pas, son erreur une fois reconnue, empêchera les autres de s'égarer inutilement dans les mêmes détours.

Le respect que j'ai pour le Public, ne m'a pas permis de lui offrir un ouvrage que je craindrois qu'il jugeât indigne de lui. J'ai préféré recueillir auparavant les avis d'un grand nombre de connoisseurs. C'est pourquoi j'ai abrégé mon premier essai pour le réduire dans les bornes ordinaires d'un mémoire, j'en ai supprimé les figures pour le faire imprimer plus aisément en province, et j'en ai distribué tous les exemplaires tant à des collègues, qu'à des compatriotes, à des amis, à des savans et à d'autres personnes respectables. Je prie instamment tous ceux qui trouveront matière à des observations critiques, de vouloir bien m'en faire part. S'il en résulte qu'il y ait plus de mauvais que de bon dans cet opuscule, j'oublierai la peine qu'il m'a donnée, et il n'en sera plus désormais question. Dans le cas contraire, je le reproduirai avec les corrections qu'on m'aura suggérées; j'y ajouterai quelques développemens et des détails qui ne sont qu'indiqués ici ; enfin j'y joindrai des figures qui rendront le texte plus clair, et qui le mettront à la portée d'un plus grand nombre de lecteurs.

Pour obtenir les lumières que je désire, il me suffisoit assurément de m'adresser à vous, Messieurs, qui soutenez si bien la réputation littéraire et scientifique dont a joui constamment la ville de Caen. Mais je vous avoue qu'en ma qualité de compatriote, j'ai craint de trouver en vous des juges trop indulgens ; et comme il est dangereux de se flatter d'un succès éphémère, j'ai été bien aise d'appeler en même tems la sévérité de plusieurs savans de la capitale. Au reste, j'ai pensé que je ne pouvois mieux adresser l'hommage de ce premier et peut-être de cet unique fruit de mes méditations, qu'à une Société composée de professeurs habiles et zèlés, d'hommes recommandables également par leurs talens et par l'usage qu'ils en font ; enfin, de savans et de magistrats qui excitent et encouragent l'émulation. C'est à ce dernier titre, non moins qu'aux précédens, que je vous devois, Messieurs, cette dédicace ; plusieurs d'entre vous m'ayant engagé à présenter un mémoire qui me fît connoître de leurs autres collègues, et qui pût me procurer l'honneur de correspondre quelquefois avec l'Académie.

Comme je ne rencontrerai sûrement pas d'autre

occasion aussi favorable que celle-ci, je vais en profiter pour citer les noms des personnes dont je garde plus précieusement le souvenir, pour les leçons ou les témoignages de bienveillance que j'en ai reçus dans tout le cours de mes études. Veuillez recevoir ce foible mais sincère tribut de ma gratitude, MM. Marais, Vautier, Fleuriau, Quesnot, Larivière, Lafosse, Massieu, Régnard, Lemoine, Vastel, Boschet, Desbordeaux, Prudhomme, Monge, Hachette, Lacroix, Prony et *Lesage. Je me suis adressé indistinctement aux vivans et aux morts : j'ai eu pour cela plusieurs motifs qu'il est aisé de pressentir, et que je pourrois avouer hautement. Mais ne devois-je pas vous nommer d'abord, ô bonne et respectable Mère, qui avez eu autant d'amour et de sollicitude pour votre huitième enfant que pour le premier! Vous, son digne frère, vieilli dans le ministère des autels, qui ne cessiez de nous exciter au bien, à la concorde et au travail, par vos vertus et vos qualités exemplaires? Et toi aussi, cher Victor, qui commençois par droit d'aînesse à me tenir lieu d'un père auquel tu n'as que trop peu survécu, la mort t'ayant moissonné au milieu des camps dans une expédition lointaine? Les sentimens que je conserverai toujours pour vous, ne sont pas étrangers à ceux dont j'ai entretenu au commencement Messieurs de l'Académie : car, plus on chérit ses parens, ses instituteurs et son pays natal, plus on me paroît propre à embrasser par extension le Prince et la Patrie dans les mêmes sentimens d'amour et de reconnoissance.*

Veuillez excuser cette digression dans laquelle j'ai été entraîné par le désir de payer une dette chère à mon cœur ; et daignez agréer,

MESSIEURS LES ACADÉMICIENS,

Les sentimens de respect et de dévoûment avec lesquels je suis,

Votre très-humble et très-obéissant serviteur

PREMIÈRE PARTIE.

DE L'ACTION D'UN POIDS SUR LES PIEDS D'UNE TABLE.

1. Nous avons toujours entendu mettre au rang des problêmes restés jusqu'à présent sans solution précise, la question de savoir comment un poids placé sur une table horizontale et inflexible, se répartit entre les quatre pieds de cette table. Ce n'est pas effectivement en donner une solution fixe et véritable, que de présenter seulement les conditions d'équilibre, qui, renfermant plus d'inconnues que d'équations, laissent une indétermination complète. Cependant, il est certain que la nature ne reste pas indécise, mais qu'elle prend immédiatement un parti qui doit être soumis à des lois constantes comme toutes ses autres opérations; et il est extrêmement probable que ce parti est à la fois le plus simple et le plus économique, c'est-à-dire, le moins fatiguant possible pour les soutiens. Nous avons puisé la conviction de ce principe dans l'infinie sagesse du Créateur, qui doit avoir ordonné tout pour le mieux; dont la volonté n'est point sujette au changement, et qui a dû conséquemment admettre ou exclure pour toujours une certaine manière d'agir : or, il n'est pas probable qu'il ait rejeté celle qui, dans beaucoup de circonstances, peut être réclamée uni-

quement par l'équilibre ou le maintien des objets abandonnés aux seuls effets de la pesanteur, surtout lorsque cette action est conforme aux principes les plus simples de statique, et qu'elle occupe parmi les autres actions analogues l'un des points du maximum ou du minimum, qui semblent être ceux où la nature a besoin d'arriver pour trouver le repos et la fixité, qui constituent l'équilibre et le choix que nous recherchons.

Quoique ce principe fondamental nous paroisse de la dernière évidence, nous tâcherons de le confirmer par des raisonnemens et par des exemples. Nous l'avons d'abord appliqué au problême des quatre pieds, ensuite à un plus grand nombre de points, à plusieurs lignes droites ou courbes, et enfin aux surfaces qui servent de support à un poids. Les règles que nous en avons déduites, au lieu de se compliquer à mesure que nous avancions, se simplifioient au contraire, et jetoient plus de clarté sur les recherches précédentes. Ainsi nous sommes parvenus jusqu'à ne plus considérer les lignes et les points que comme des exceptions, ou des cas particuliers des surfaces. Ceux-là sont des élémens mathématiques dont on ne conçoit l'existence que par abstraction. Puis donc que nous voulons scruter la nature, il convient d'analyser de préférence son action sur les surfaces, qui seules peuvent porter des poids.

2. Afin de rendre nos idées plus sensibles, nous allons commencer par un exemple bien simple, celui d'un support circulaire qui soutient un fardeau dont le centre de gravité réponde à celui du cercle, par l'intermédiaire d'une table inflexible et non pesante, le support étant supposé homogène et doué d'une

résistance égale dans toutes ses parties. C'est toujours dans ces hypothèses que nous raisonnerons, à moins que nous ne prévenions du contraire; et il est à remarquer que l'absence de pesanteur dans la table inflexible n'est point une condition indispensable, car le poids de cette table étant combiné avec le fardeau, produiroit une résultante unique et conforme à la supposition primitive.

Si le poids agit comme nous l'avons annoncé, il devra communiquer une pression également intense dans toute l'étendue du cercle, et dont la valeur soit conséquemment $\frac{P}{\pi r^2}$. Car si la pression étoit inégale ou moins étendue, il y auroit dans plusieurs endroits des efforts exercés qui surpasseroient $\frac{P}{\pi r^2}$; et si le support n'étoit capable que de cette dernière résistance, il s'ensuit qu'il succomberoit sous le fardeau, tandis qu'il y avoit une répartition qui pouvoit maintenir l'équilibre et l'existence du support. Or, si l'on regarde le problême comme indéterminé analytiquement par la multitude de solutions qu'il présente, c'est que le calcul ne peut par lui-même indiquer de préférence pour l'une plutôt que pour les autres; mais par la même raison, il ne sauroit non plus indiquer d'exclusion : l'égalité de pression étant donc aussi admissible que l'inégalité, la première aura lieu infailliblement quand la trop foible résistance du support ne pourra permettre l'inégalité de pressions, et que le choix sera déterminé et réduit au minimum des pressions possibles. Nous allons plus loin, et nous avançons qu'il suffit que la nature adopte une fois cette manière d'agir, pour qu'elle ne s'en écarte jamais. Cela tient d'abord à la fixité de ses lois. Mais si l'on a admis l'égalité des pressions lors de la résistance uniforme $\frac{P}{\pi r^2}$, on ne pourra pas la contester lors même que la résistance sera supérieure; car la nature doit ignorer cet excédant de résistance, tant qu'elle n'en a point fait l'épreuve; et lorsqu'elle peut s'en dispenser, il n'est nullement à croire qu'elle aille imposer à certains points ou portions de surface, des charges au-dessus de leurs forces, pour les leur retirer ensuite s'ils en sont incapables : cette vacillation pourroit occasionner la chûte du support, et elle seroit contraire à la sagesse ainsi qu'à la promptitude des opérations de la nature; il est bien plus probable que celle-ci répandra de suite une pression uniforme, la moindre possible, sur toute l'étendue qui est à sa disposition.

3. Nous allons ajouter de nouvelles considérations, pour tâcher de convaincre ceux qui ne regarderoient encore tout ceci que comme conjectural. Fondés sur cet axiôme, que l'infiniment petit n'est pas comparable au fini quelque petit qu'il soit, nous posons qu'un point et même une ligne mathématique ne sont point capables de porter le poids le plus léger : si ces élémens sont les sommets de cônes ou de prismes, ils ne tarderont pas à s'émousser pour présenter des surfaces analogues à la charge, selon qu'il est démontré par l'expérience et par des formules que nous en avons déduites. Le point central du support étant donc insuffisant pour résister au fardeau, la pression ne manquera pas de s'étendre circulairement dans le

voisinage; et du moment qu'on est obligé d'admettre cette extension de la pression, on ne voit aucune raison pour la restreindre à une certaine distance plutôt qu'à une autre; de sorte qu'elle aura lieu nécessairement dans toute l'étendue du cercle.

Mais le poids qui se fait d'abord sentir tout entier, et qui cependant ne se communique que progressivement du centre à la circonférence, ne réserve-t-il point les plus grandes pressions pour le centre et ses alentours, et les efforts ne diminuent-ils point graduellement du milieu jusqu'aux bords? Supposons un instant qu'il en soit ainsi, et que cette série décroissante soit représentée, par exemple, par les ordonnées d'une parabole dont la concavité seroit tournée vers la terre, et dont l'axe coïncideroit avec la verticale passant par le centre du support: la nature ayant suivi cette marche lorsque le support a été chargé, elle suivra sans doute une marche analogue quand on le déchargera subitement, et c'est le centre avec son voisinage qui en éprouvera le plus prompt et le plus grand allégement; si l'on réduit instantanément le fardeau à moitié de ce qu'il étoit d'abord, l'allégement devra être figuré par une seconde parabole plus ouverte que la première, dont le sommet lui sera inférieur, et dont la concavité sera tournée vers les cieux: les pressions subsistantes seront représentées par la portion de l'aire de la première courbe située en dehors de la seconde; et l'intersection des deux courbes marquera le lieu de la plus grande pression, lequel sera d'autant plus éloigné du centre, que la diminution du fardeau aura été plus considérable. On seroit ainsi amené à cette conséquence qu'un support circulaire pourroit être

qu'elle est très-avantageuse pour empêcher les altérations que le support seroit sujet à éprouver intérieurement, telles que des scissures ou des lézardes, s'il existoit des pressions d'intensités bien différentes, et que les plus fortes fussent assez considérables pour faire tasser les parties surchargées.

5. Passons maintenant au cas où le poids restant le même, son point d'application est hors du centre de figure. Il est évident que, s'il y a des pressions inégales, les plus grandes ne sauroient avoir lieu qu'autour du point d'application; et cependant en raisonnant comme dans le n.° 3, on parviendroit à une fausse conséquence, donc il ne peut y avoir que des pressions égales.

Quoique ce raisonnement nous paroisse assez démonstratif, nous allons essayer de présenter une autre preuve déduite plus immédiatement des procédés auxquels nous sommes persuadés que l'action de la pesanteur est astreinte. Supposons que le poids, d'abord placé au centre de figure, quitte ensuite cette position, en s'avançant vers le midi par des degrés insensibles: la nature altérera aussi peu à peu sa première répartition, et dès lors il en résultera une augmentation successive de pressions dans une plus ou moins grande étendue de la surface méridionale. Cette espèce de balancement cessera d'avoir lieu aussitôt que l'équilibre sera rétabli, parce que c'est-là l'unique but auquel tendoit la nature, et qu'il n'y auroit aucun motif pour elle d'en sortir après y être parvenue. Un balancement plus prolongé seroit non-seulement inutile par son objet, il pourroit encore être préjudiciable par sa durée, et il fatigueroit en vain le support, en lui imposant des pressions au-dessus du besoin. Si ce support n'était pas doué d'une résistance suffisante, la nature seroit forcée de rétrograder vers la première position de l'équilibre : or ce n'est point ainsi que nous sommes accoutumés de la voir agir, dirigée qu'elle est par une intelligence si fort supérieure à la nôtre; et quelle seroit la volonté assez dépravée pour repousser une première manière d'être qui vient s'offrir d'elle-même, surtout sachant d'avance qu'il n'en peut exister de plus satisfaisante ? Nous sommes donc obligés de reconnoître que la nature s'arrête dans la première position de l'équilibre, qui répond à la moindre augmentation possible de la pression primitive.

Il nous reste à démontrer que, dans cette circonstance du minimum, toutes les pressions sont égales entr'elles. Admettons en effet pour un instant qu'il en existe plusieurs, et combinons ensemble les deux supérieures. Il nous sera facile de les remplacer par une seule intermédiaire qui s'applique sur l'espace entier soumis à la plus forte pression, et sur une partie de l'espace soumis à la suivante. Pour le mieux faire concevoir, rapportons les effets de ces deux pressions à des axes des momens passant par le centre de figure de l'espace de la première pression. Si l'on diminue l'intensité de celle-ci, pour que la résultante reste la même, il faudra augmenter l'espace ou l'intensité de la seconde pression. D'un autre côté, les équations nécessaires des momens et la nullité du moment de la première pression, indiquent que celui de la seconde doit présenter un produit constant. Il seroit augmenté infailliblement si l'on reculoit la limite de l'espace analogue; et au contraire en rapprochant cette limite du centre des momens, on n'a pas de peine à imaginer que le produit reste le même, quand un de ses facteurs est augmenté, celui de l'intensité de la pression, tandis que deux autres sont diminués, l'étendue de l'espace pressé et l'ordonnée de son centre de figure. Puisqu'il est toujours possible d'atténuer la pression supérieure, en continuant d'opérer graduellement de la même manière, jusqu'à faire disparoître l'inégalité des pressions, on obtiendra l'uniformité intermédiaire que nous avions annoncée, qui renfermeroit plutôt le minimum de pression que l'hypothèse actuelle; mais il suffit que le nouveau système contienne deux pressions différentes, pour que le minimum y soit encore étranger : de sorte que celui-ci ne peut se rencontrer que dans l'uniformité absolue des pressions.

6. Il est donc bien démontré que l'égalité générale des pressions est une première condition de l'équilibre, dont la nature ne sauroit s'écarter. Mais cette condition n'est pas suffisante, car si elle est satisfaite par une certaine figure, elle le sera aussi par toutes les figures plus petites et semblables, qui répondent à des pressions plus grandes. Or nous avons fait voir que l'équilibre commençoit par les pressions les moins intenses ou les plus étendues et que la nature s'y bornoit. Ainsi la question est maintenant réduite à trouver le maximun d'étendue des pressions égales; ou bien la plus grande figure contenue dans une autre, le centre de la figure cherchée devant être dans un point donné de position. Nous nous sommes d'abord aidés dans cette recherche des règles de la différentiation, qui nous ont jetté dans des calculs d'une complication extraordinaire, nous en avons heureusement terminé quelques-uns qui nous ont

donné lieu de remarquer que les derniers points pressés formoient une ligne droite, et nous avons ensuite reconnu que ce n'était pas l'effet du hasard, mais bien d'une propriété constante.

Etablissons d'abord cette vérité sur une figure symétrique de l'est à l'ouest, et dont le point d'application ou centre de gravité prescrit, seroit placé sur l'axe dirigé du nord au sud, et seroit renfermé, par exemple, dans la région méridionale. Si la ligne limite étoit courbe au lieu d'être droite, on pourroit néanmoins imaginer une ligne droite perpendiculaire à l'axe qui limitât une surface équivalente à la première; mais comme le moment de la nouvelle partie septentrionale, pris par rapport au centre de gravité, seroit moindre que celui de la première partie septentrionale qui était plus alongée, ce nouveau moment ne pourroit plus faire équilibre à celui de la partie méridionale qui n'a point éprouvé d'altération. On ne rétabliroit l'équilibre, qu'en augmentant convenablement le moment septentrional, par un mouvement parallèle et progressif, du midi vers le nord, de la droite limite substituée à la courbe : ce qui produiroit une surface, remplissant les mêmes conditions d'équilibre que la première, mais plus grande et plus avantageuse que celle-ci; donc une limitation en ligne courbe ne pourroit pas avoir lieu de préférence à une rectiligne.

On conçoit que le raisonnement précédent n'auroit besoin que de modifications très-légères, pour être appliqué à une figure irrégulière quelconque. Dans le premier cas, il n'y avoit qu'une seule équation de momens à satisfaire, il n'y avoit aussi qu'une seule inconnue qui étoit la distance, au centre de gravité, de la droite limite. Dans le second cas, il y a deux équations de momens à satisfaire, et il y a pareillement deux inconnues qui sont la distance et la direction de la ligne limite. Ainsi la possibilité d'une limite rectiligne n'est pas plus douteuse dans une figure irrégulière que dans une figure symétrique; et il suffit de reconnoître l'existence de cette limite, puisque d'ailleurs sa supériorité sur une curviligne est incontestable.

Rien dans tout ce qui précède ne spécifie si une seule ou si plusieurs surfaces sont réunies dans un même système de pressions, de sorte qu'on peut poser la limitation en ligne droite comme une règle générale qui ne souffre aucune exception.

7. Concluons donc que si un fardeau n'est point appliqué au centre de gravité d'un support quelconque, simple ou composé, et qu'il soit par exemple dans la partie méridionale de ce support; il produira une pression uniformément répandue sur toute la surface du support, à l'exception d'une certaine partie septentrionale qui restera absolument étrangère à la pression et qui sera limitée par une ligne droite. C'est la répartition la plus simple et la plus économique, comme exerçant une moindre pression sur les appuis; c'est celle que, dans ses oscillations successives, la nature rencontre la première qui puisse satisfaire aux conditions de l'équilibre; c'est enfin celle à laquelle la nature s'arrête définitivement, comme remplissant son but d'une manière plus prompte, plus avantageuse, et peut-être unique.

Tel est le seul principe que nous avions besoin d'établir pour résoudre toutes les questions que nous nous sommes proposées. Faisons observer qu'il conduit à une solution réelle, toutes les fois qu'une question de ce genre sera possible, c'est-à-dire, quand le lieu du fardeau sera compris dans la circonférence du support ou des portions de support, celles-ci étant d'ailleurs supposées réunies deux à deux par des tangentes. D'un autre côté, notre principe ne donne jamais qu'une solution, et il fait ainsi disparoître l'indétermination primitive et apparente, au moyen de ce qu'il présente le même nombre d'inconnues que d'équations : les trois inconnues sont le degré de la pression, la direction de la droite limite, et sa plus courte distance au centre de figure; ou bien d'autres élémens équivalens, selon la plus grande commodité des cas particuliers qu'on aura à traiter.

8. D'après ce que nous avons dit à la fin du n.° 1., nous pourrions nous dispenser de considérer les lignes ou les points. Mais quoique ces élémens soient régis par le même principe général que les surfaces, ils présentent des particularités curieuses et des exceptions apparentes, qu'il est bon de faire connoître et d'expliquer.

Dans les lignes, par exemple, il peut arriver que la droite limite se confonde avec l'une des lignes pressées. Cela dénote que cette ligne n'est point censée pressée sur toute sa largeur; et l'analyse regardant la largeur d'une ligne comme indivisible, il s'ensuit qu'à longueur égale, cette droite confondue avec la limite, a moins à porter que toute autre ligne: c'est pourquoi le calcul y indique une moindre pression, soit qu'elle soit pressée dans toute sa longueur ou dans une partie seulement.

Ainsi dans un système de lignes, il n'y aura qu'une seule pression comme dans les surfaces, ou tout au plus deux. Lors de ce dernier cas, la pression générale sera répandue sur les lignes entières, à l'exception de celle qui recevra la pression inférieure, et qui pourra être pressée elle-même dans toute son étendue. Cette règle n'exclut point, au delà de la droite limite, l'existence d'une ou plusieurs lignes entières ou partielles qui ne participeroient aucunement à la pression. Lors d'une pression inférieure, celle-ci n'aura lieu que sur une ligne droite ou plusieurs parties d'une même ligne droite.

Tout cela résulte immédiatement du principe général, sans qu'il soit besoin d'une démonstration particulière. L'on conçoit aisément que l'absence d'un élément nécessaire, se faisant sentir dans les lignes, la valeur des momens ne puisse pas toujours varier graduellement, quand par la disposition du système et du poids, il s'agit de prendre ou d'abandonner subitement une ligne toute entière : il faut donc imaginer alors que l'on se restreigne à une partie de la largeur de cette ligne, et c'est ce qui est représenté par une diminution de pression. Cette exception se rencontre plus rarement dans les figures fermées et irrégulières, que dans les autres.

9. Le principe général s'applique également aux points. Seulement, l'absence d'un nouvel élément rend les transitions encore plus brusques, et cette circonstance peut introduire deux pressions inégales et inférieures à toutes les autres. En effet, la ligne limite des pressions continuant à être droite, si cette ligne laisse de côté un certain nombre de points sans passer sur aucun, il n'en résultera que des pressions égales comme dans le cas des surfaces. Si la ligne limite passe par un des points du système,

le hasard pourroit faire que la pression y restât égale, si la limite pouvoit être assimilée à une tangente qui laissât le point tout entier; mais le plus souvent, cette ligne sera une espèce de sécante qui indiquera une pression partielle ou inférieure. Enfin si la ligne limite passe par deux points du système, ce qui sera le cas le plus habituel, il en résultera deux pressions inégales et inférieures : et il ne saurait y en avoir un plus grand nombre d'inégales, car si la limite passoit par trois ou un plus grand nombre de points, les pressions y seroient pareilles, comme lorsque la limite se confondoit avec une ligne droite dans le numéro précédent.

10. Ce principe des points est dérivé naturellement de celui des surfaces. Mais il est facile de démontrer analytiquement et indépendamment de ce qui précède, que la solution des pressions égales, à l'exception de deux, est véritable, comme la plus avantageuse sous le rapport du minimum de pression. Appelons à cet effet, A, B, C, D, E, etc., les pressions inconnues qui ont lieu sur les divers points du système ; a, α, b, β, c, γ, d, δ, e, ε, les ordonnées de ces points ; p et π celles du point d'application du poids P; et supposons que tous ces points soient situés dans un même angle des coordonnées : les pressions doivent satisfaire à ces trois équations dont tous les termes sont positifs, $P=A+B+C+D+E+\ldots$, $Pp=Aa+Bb+Cc+Dd+Ee+\ldots$, $P\pi=A\alpha+B\beta+C\gamma+D\delta+E\varepsilon+\ldots$ Supposons que D et E soient les plus petites pressions et éliminons-les, il en résultera une équation telle que celle-ci :

$$Pp'=Aa'+Bb'+Cc'+\ldots$$

qui indique celle des momens du système pris par

rapport à l'axe DE : il ne devra s'y trouver aucuns termes négatifs, car si tel étoit par exemple le signe du coefficient de B, il seroit avantageux d'annuller cette pression; ce qui prouve, comme on le savoit déjà, que la droite passant par les deux points le moins pressés, doit laisser d'un même côté toutes les pressions supérieures, et de l'autre toutes les pressions nulles. Cela posé, les pressions supérieures $A, B, C....$ n'ayant plus à satisfaire qu'à la dernière équation, leur moindre valeur répondra à leur parfaite égalité, d'où $A=B=C....=\frac{Pp'}{a'+b'+c'....}$. Ainsi toutes les pressions seront égales, à l'exception de deux inférieures, qui pourroient même par hasard se réduire à une seule ou à aucune.

11. Venons aux applications, et proposons-nous d'abord une surface rectangulaire qui ait six unités de base et huit de hauteur, et supposons que le poids étant placé dans l'angle sud-ouest, ses coordonnées soient deux et trois. En tirant une ligne du point d'application au centre de figure, son prolongement coupe la partie nord-est du support; ainsi c'est par-là que sont les pressions nulles. La position de la ligne limite est inconnue, mais appelons x la distance à l'angle nord-est de son intersection avec le côté nord du rectangle, et y la distance analogue sur le côté oriental; les équations des momens à satisfaire deviendront $3\times(48-\frac{1}{2}xy)=192-\frac{1}{2}xy(8-\frac{1}{3}y)$

et $2\times(48-\frac{1}{2}xy)=144-\frac{1}{2}xy(6-\frac{1}{3}x)$, d'où

$x^3-9x^2-36x+288=0$, $x=5,16$: et $y=8,16$:

cette dernière valeur surpassant la longueur du côté sur lequel elle devroit être mesurée, montre que la supposition relative à y est inadmissible, et que cette inconnue doit être comptée sur le côté méridional. Les nouvelles équations sont en conséquence

$$3\times(48-4x-4y)=192-32y-\tfrac{16}{3}\times(4x-4y)$$

et $2\times(48-4x-4y)=144-8y(6-\tfrac{1}{2}y)-(4x-4y)(6-\tfrac{1}{3}x-\tfrac{2}{3}y)$, d'où $19x^2-212x+588=0$, $x=6,00$ ou $x=5,16$, et $y=6,01$ ou $y=0,10$: les dernières valeurs sont les seules convenables, il en résulte définitivement surface$=26,976$ et pression$=0,037\,P$. L'essai infructueux que nous avons fait d'abord, montre comment des hypothèses erronées sont rectifiées par le calcul lui-même. Avant de nous être livrés sérieusement à ces recherches, nous aurions pu croire que, dans le cas présent, le poids se seroit réparti dans le rectangle dont il occupe le centre et qui a 24 unités de superficie : il en fût résulté la pression $0,042\,P$, qui est moins avantageuse que celle qui est déduite du principe général.

Supposons qu'en second lieu, le rectangle soit évidé sur une largeur de quatre unités et une hauteur de cinq. Si la ligne limite des pressions coupe les deux côtés de l'angle nord-est, et que les distances extérieures soient x et y, il viendra :

$$\text{surface pressée}=\frac{1}{xy}(29,5xy+1,125x^2+0,5y^2-1,5x^2y-xy^2)$$

$$\text{moment occidental}=\frac{2}{xy}(29,5xy+1,125x^2+0,5y^2-1,5x^2y-xy^2)=\frac{1}{xy^2}(92,25xy^2-9x^2y^2+0,75x^3y^2+6,75x^2y-1,125x^3y+0,562x^3-5,5xy^3+2,667y^3).$$

$$\text{moment méridional}=\frac{3}{xy}(29,5xy+1,125x^2+0,5y^2-1,5x^2y-xy^2)=\frac{1}{x^2y}(122,875x^2y-10,875x^3y$$

$+7,875x^3-8x^2y^2+0,5x^2y^3+4xy^2+0,167y^3-0,5xy^3)$

et par suite

$y^3(80-168x)+y^2(1596x-288x^2+36x^3)+y(216x^2-54x^3)+27x^3=0$, et $y^3(4-12x+12x^2)+y^2(60x-120x^2)+y(825x^2-153x^3)+108x^3=0$.

En attribuant des valeurs successives à x, déduisant y de la première équation et substituant dans la seconde, on obtient après plusieurs essais $x=3,94$, et $y=6,98$: d'où l'on conclut surface $=18,131$, pression $=0,055\,P$. Cet exemple, tout compliqué qu'il est, n'est presque rien en comparaison du suivant, où l'isolement des appuis oblige de tenter les unes après les autres plusieurs combinaisons, qui donnent lieu à des équations différentes, dont les calculs de la plupart sont hérissés de longueurs ou de difficultés.

Nous allons, pour le troisième et dernier exemple, supprimer dans la figure précédente les quatre rectangles latéraux et ne conserver que ceux des angles, qui ont chacun une unité et demie de superficie ; le point d'application du fardeau restant toujours à la même place.

Un premier essai consiste à supposer que les quatre piliers soient pressés, à l'exception de la partie nord-est du pilier nord-est. Appellant x la longueur à séparer sur le côté septentrional, et y celle du côté oriental, il vient superficie $=6-\frac{1}{2}xy$

moment occidental $12-xy=18-\frac{1}{2}xy(6-\frac{1}{3}x)$, et

moment méridional $18-\frac{3}{2}xy=24-\frac{1}{2}xy(8-\frac{1}{3}y)$.

On en tire successivement $y=\dfrac{36}{12x-x^2}$, $x^3-9x^2-36x+36=0$, $x=0,84$ et $y=3,84$.

Dans un second essai, il convient de retrancher y sur le côté sud du pilier nord-est. En conséquence,
superficie $=6-\frac{3}{4}(x+y)$
moment occidental $12-\frac{3}{2}(x+y)=18-\frac{3}{2}y\left(6-\frac{1}{2}y\right)$
$-\frac{3}{4}(x-y)\left(6-\frac{1}{3}x-\frac{2}{3}y\right)$ et
moment méridional $18-\frac{9}{4}(x+y)=24-\frac{87}{8}y-\frac{45}{8}(x-y)$:
il en résulte $y=\frac{16-9x}{8}$, $73x^2-64x+256=0$, x imaginaire.

Dans le 3.ᵉ et le 4.ᵉ essais, nous supposions que la ligne limite coupât d'abord le côté nord du pilier nord-est et le côté oriental du pilier sud-est, ensuite le côté occidental du pilier nord-est et le côté oriental du pilier sud-est, mais les calculs en sont trop longs pour les rapporter ici ; leur complication provenoit principalement de ce que la limite traversoit à la fois deux piliers. Enfin, pour le cinquième essai, nous compterons x et y sur les deux côtés de l'angle nord-est du pilier sud-est, en supposant que tout le pilier nord-est soit étranger à la pression. Les trois équations deviennent superficie $=\frac{9-xy}{2}$

moment occidental $9-xy=\frac{117-36xy+2x^2y}{12}$

moment méridional $\frac{27-3xy}{2}=\frac{315-18xy+4xy^2}{24}$.

Elles conduisent à $x=\frac{9}{18y+4y^2}$, $8y^3+24y^2-54y+9=0$, d'où $y=-4{,}54$, ou $+0{,}18$, ou encore $+1{,}35$: cette dernière valeur est seule admissible, elle donne $x=0{,}28$, superficie $=4{,}31$, pression $=0{,}232\,P$. Il est facile de vérifier la justesse de cette solution, et de s'assurer que la ligne limite prolongée passeroit entre les deux pieds du nord.

12. Pour établir notre théorie, nous avons tâché de pénétrer un des secrets de la nature; et afin de la suivre plus aisément dans ses opérations, nous lui avons pour ainsi dire tracé une marche, en supposant dans le n.° 5 que le poids placé d'abord au centre de figure s'avançât graduellement vers l'un des bords. Il ne peut qu'être intéressant de présenter un aperçu de la dépendance réciproque qui lie l'action de la pesanteur à la position du fardeau. Ce sera une sorte de confirmation expérimentale de notre théorie, en ce que nous oserions presque défier qui que ce soit d'offrir une série de solutions plus naturelles, plus simples ou plus avantageuses que celles qui suivent.

Nous allons opérer sur la figure précédente; supposer que le poids conserve toujours l'abscisse deux, mais que son ordonnée varie depuis quatre jusqu'à zéro; enfin appeler x et y les portions de longueurs pressées sur les côtés des piliers traversés par la ligne limite :

Ordonnée, quatre : $x=0{,}46$ sur le côté nord du pilier nord-est, $y=0{,}46$ sur le côté sud du pilier sud-est, (équation unique $x^2+6x-3=0$); superficie $=4{,}39$, pression $=0{,}228\,P$.

Ordonnée, trois et demi : $x=0{,}20$ et $y=0{,}71$ sur les mêmes côtés, (équations $107y^2+42xy+107x^2+768y+768x-768=0$, et $32+102x-73y=0$); superficie $=4{,}37$, pression $=0{,}229\,P$.

Ordonnée, trois : $x=0{,}72$ sur le côté nord du pilier sud-est, $y=0{,}15$ sur le côté oriental du même pilier (voir la solution du n.° 11); superficie $=4{,}31$, pression $=0{,}232\,P$.

Ordonnée, deux et demi : $x=0{,}13$ sur le côté nord du pilier nord-ouest, $y=0{,}51$ sur le côté oriental du pilier sud-est, (les deux équations montent au sixième degré); superficie $=3{,}63$, pression $=0{,}275P$.

Ordonnée, deux : $x=1{,}29$ sur le côté occidental du pilier nord-ouest, $y=0{,}38$ sur le côté oriental du pilier sud-est, (équations $100x^3+(1032-192y)x^2+(2685-3252y+984y^2)x-145-12054y+5892y^2-424y^3=0$ et $728x^3+(11028-600y)x^2+(30570-4920y-120y^2)x-55637-5550y+9876y^2-1736y^3=0$); surface $=3{,}16$, pression $=0{,}316P$.

Ordonnée, un et demi : $x=0{,}95$, $y=0{,}26$ sur les mêmes côtés, (équations $20x^3-(2580-688y)x^2+(429+2830y-444y^2)x-1352+10218y-3048y^2+232y^3=0$ et $1736x^3+(25860+120y)x^2-(3738+600y-600y^2)x-19565-7026y+6276y^2-728y^3=0$); surface $=2{,}67$, pression $=0{,}374P$.

Ordonnée, un : $x=0{,}55$, $y=0{,}17$, sur les mêmes côtés, (équations $20x^3-$ etc., et $1736x^3+(28524+120y)x^2-(1506-120y-600y^2)x-8099-3642y+5484y^2-728y^3=0$) ; surface $=2{,}36$, pression $=0{,}424P$.

Ordonnée, un demi : $x=1{,}27$ sur le côté occidental du pilier sud-ouest, $y=0{,}46$ sur le côté oriental du pilier sud-est, (équations $14y-5x=0{,}23x^2-(27-8y)x-27y+23y^2=0$); surface $=1{,}73$, pression $=0{,}578P$.

Enfin ordonnée nulle : $y=0{,}46$ sur le côté méridional du pilier sud-est, (équation $y^2+6y-3=0$); surface nulle, pression infinie.

13. Donnons maintenant quelques exemples de l'application aux lignes. Supposons en premier lieu que le rectangle de six sur huit soit réduit à son pourtour, et que le poids ait pour ordonnées deux et trois : il est évident qu'il n'y aura que des pressions égales vers le sud et l'ouest, avec des pressions nulles aux environs de l'angle nord-est ; appelons donc encore x et y les longueurs non pressées des côtés septentrional et oriental : il faudra qu'on ait les équations $3(28-x-y)=32+8(6-x)+\frac{1}{2}(8-y)^2$ et $2(28-x-y)=18+6(8-y)+\frac{1}{2}(6-x)^2$, d'où $x^4-16x^3+96x^2-896x+2240=0$, et par suite $x=3,10$, $y=5,10$, longueur pressée $=19,80$, pression uniforme $=0,051\,P$.

En second lieu, si le poids, en conservant la même ordonnée, avoit trois pour abscisse, il en résulteroit une symétrie entière de l'est à l'ouest, et tout le côté nord seroit pressé, mais à un moindre degré que les trois autres côtés. Appelant p la grande pression et q la petite, il vient $P=22p+6q$ et $3P=64p+48q$, d'où $p=0,045P$ et $q=0,003P$.

Supposons en troisième lieu que le poids soit remis à sa première place, et qu'il n'existe plus que les deux lignes du nord et du midi. Les deux pressions seront sûrement égales, continuant d'appeler x et y les longueurs non pressées sur les côtés du nord et du midi : ces inconnues devront satisfaire aux équations $2=\frac{1}{2}(6-x)^2+\frac{1}{2}(6-y)^2$ et $3=8(6-x)$, d'où $x=5,62$, $y=4,04$, longueur pressée $=2,34$ et pression $=0,427P$.

Au lieu de présenter, comme dans notre premier essai manuscrit, un plus grand nombre d'applications à diverses combinaisons de lignes rectangulaires, obliques ou circulaires, ainsi qu'à des polygones réguliers tels que l'hexagone et l'octogone : nous allons rapporter les principales observations que nous avoit suggérées l'examen particulier et immédiat des lignes.

Dans le cas de deux droites seulement, il ne manque qu'un élément pour résoudre le problême analytiquement, savoir l'asbcisse ou l'ordonnée du point d'application de la charge dévolue à la première ligne ; car en tirant une droite de ce point au lieu du poids, sa rencontre avec la seconde ligne marque le centre des pressions qui y sont exercées : le poids total se partage d'abord en deux partiels, en raison inverse des deux parties de cette ligne fictive ; ensuite sur chaque droite, la pression s'étend sur une longueur double de la distance à l'extrémité la plus rapprochée : d'où l'on conclut, pour une certaine abscisse, les degrés de pression des deux lignes. En répétant ces calculs sur un grand nombre d'abscisses, on peut tracer aisément le lieu des deux séries de pressions : il en résulte deux courbes asymptotiques, dont le point d'intersection, ou bien le minimum de la courbe la plus élevée, marque la solution précise du problême. L'inspection de la figure suffiroit pour justifier la préférence accordée à l'une des ces deux solutions ; et il s'ensuivroit, comme du principe général, que les pressions sont égales et ne s'étendent que sur une portion de chaque ligne, ou bien qu'elles sont inégales et que la plus intense a lieu sur toute la ligne correspondante.

Revenons au rectangle dont nous nous sommes occupés au commencement de cet article, pour faire connoître une question qui nous a paru intéressante. C'est de savoir, en supposant le poids placé dans l'angle sud-ouest, dans quel espace il devra être resserré, pour que le côté nord ne porte rien et soit tout-à-fait inutile : sur la courbe qui limitera cet espace, le côté occidental devra être chargé entièrement. Appelant donc p et q les ordonnées du poids, et y la longueur non pressée du côté oriental, nous aurons les équations $p\,(22-y)=18+6\,(6-y)$ et $q\,(22-y)=32+\frac{1}{2}(6-y)^2$, éliminant y, il viendra $80p^2+39pq-336p-234q+657=0$: telle est l'équation de la courbe cherchée, dans laquelle on reconnoît une hyperbole. Si nous opérions de même par rapport au côté oriental, nous obtiendrions une autre hyperbole qui, combinée avec la première, limiteroit l'espace vers l'angle sud-ouest, dans lequel il n'y a que les deux côtés contigus de pressés.

14. Il nous reste à présenter des exemples du calcul des points. Supposons d'abord que le rectangle accoutumé ne soit porté que dans ses quatre angles ; le poids étant toujours dans l'angle sud-ouest et au-dessus de la diagonale, il est évident que les moindres pressions auront lieu dans les angles nord-est et sud-est. Appelons A ou D les pressions supérieures égales, C et B les inférieures, il en résultera : $P=2A+B+C$, $2P=6B+6C$ et $3P=8A+8C$, d'où $A=D=\frac{8}{24}P$, $B=\frac{7}{24}P$ et $C=\frac{1}{24}P$.

Supposons maintenant qu'outre les quatre angles, il y ait encore des pieds aux milieux des quatre côtés sud, est, nord et ouest, ainsi qu'au centre de la figure, et désignons-en respectivement les pressions par les lettres E, F, G, H, K. Le pied le moins pressé sera celui du nord-est, après quoi nous ignorons si ce sera celui de l'est ou du nord. Calculons dans la première hypothèse, il en résulte $P=7A+$

$C+F$, $2P=15A+6C+6F$ et $3P=24A+8C+4F$, d'où $A=\frac{16}{108}P$, $F=\frac{7}{108}P$, $C=-\frac{11}{108}P$: F étant comme il le doit être inférieur à A, et la valeur hypothétique de C se trouvant négative, cette pression ne peut manquer d'être réellement nulle. Calculons en second lieu dans l'hypothèse que les moindres pressions soient celles du nord et de l'est, alors $P=6A+F+G$, $2P=12A+6F+3G$ et $3P=16A+4F+8G$, d'où $A=\frac{19}{120}P$, $G=\frac{8}{120}P$, $F=-\frac{2}{120}P$, on peut en conclure la nullité de la pression orientale F, Calculons enfin dans l'hypothèse infiniment probable des moindres pressions au nord et au sud-est, il en résulte $P=5A+B+G$, $2P=6A+6B+3G$ et $3P=16A+8G$, d'où $A=D=E=H=K=\frac{23}{144}P$, $B=\frac{21}{144}P$, $G=\frac{8}{144}P$.

Telle est la véritable solution à laquelle nous sommes arrivés après deux essais inutiles. On réussiroit en général du premier coup, s'il n'y avoit point de pressions nulles. Si l'on procède avec discernement, on ne fera pas plus d'essais qu'il n'y a de ces sortes de pressions. Une hypothèse aura été mal choisie, quand une des pressions égales se trouvera moindre que l'une des inégales : comme il seroit arrivé si nous avions classé à part les pressions du nord-est et du nord; car nous aurions obtenu $A=\frac{5}{36}P$, $G=\frac{8}{36}P$, $C=-\frac{7}{36}P$. Au reste, comme les équations ne montent qu'au premier degré, chaque essai ne présente aucune difficulté, et il vaut mieux s'exposer à en faire un trop grand nombre, que d'annuller mal à propos des pressions qui pourroient être utiles. La pression générale étoit moindre dans la première hypothèse que dans la dernière; cette anomalie provient de la pression négative qui s'y trouvoit introduite, mais qui ne sauroit avoir lieu : et entre autres raisons, on peut en donner celle-ci, que la table qui porte sur tous les pieds et qui les réunit en un seul système, n'étant que superposée et non point attachée, il est impossible qu'elle attire aucunement à elle les pieds qui lui sont devenus étrangers, dès-lors qu'elle ne les presse point. Nous avons cherché la position du poids telle que, dans la table de quatre pieds seulement, celui du nord-est ne portât rien; et nous avons trouvé que c'étoit d'être renfermé à la fois, par la ligne tirée de l'angle sud-est au milieu du côté occidental, et par la ligne tirée de l'angle nord-ouest au milieu du côté méridional. La question analogue sur l'hexagone et l'octogone réguliers, dans lesquels on peut annuller successivement la pression jusque sur trois ou cinq angles, nous a conduit à des zig-zag dont les angles sont alternativement sur le rayon du cercle circonscrit et sur celui du cercle inscrit.

15. Nous ne nous arrêterons pas davantage aux points et aux lignes qui ne sont que des objets de curiosité, par leur état d'exception physique; et nous allons revenir aux surfaces, pour présenter quelques-unes des applications les plus utiles de notre théorie.

Puisque la pression occasionnée par un poids est uniforme sur une certaine étendue des appuis et nulle sur le reste, il s'ensuit qu'il est très-avantageux que le point d'application coïncide avec le centre de figure, sans quoi il y a des portions de support inutiles, ce qui est en général contraire à l'élégance et à l'économie. Mais nous avançons même que ces supports peuvent être nuisibles à l'équilibre et à la solidité : en effet si le sol ou les appuis sont compressibles, les parties inutiles, comme non pressées, empêchent que le tassement ait lieu uniformément, d'où il résulte, dans le contact des parties utiles et des inutiles, des lézardes, des déchiremens, ou bien un écartement de l'aplomb : toutes choses dangereuses à la solidité, inquiétantes pour la sûreté, ou désagréables à la vue.

Quand donc une charge sera donnée, la superficie des supports devra lui être proportionnelle, de manière que la pression éprouvée soit moindre que celle dont les matériaux seroient capables : et cela dans un rapport qui dépendra de la solidité, de l'élégance, de la convenance ou de l'économie désirées. Si c'est la solidité qu'on a principalement en vue, on donnera moins d'étendue au vide qui a lieu généralement sous le point d'application du fardeau ; l'on fera converger vers ce centre autant d'appuis, et l'on conservera dans la figure autant de régularité qu'il se pourra.

Lorsque la figure des appuis sera prescrite, et que leur centre de gravité sera différent du point d'application, parce que l'on seroit tenu de placer celui-ci dans un certain espace ou sur un contour donné, sa meilleure position sera à la rencontre de la normale tirée du centre de gravité sur le contour ou la circonférence de l'espace.

Si l'on donnoit une épaisseur constante à toutes les parties d'un édifice, il se pourroit que quelques-unes d'elles fussent étrangères à la pression. Pour éviter cet inconvénient, on menera par les centres du fardeau et de la figure, une ligne droite qui rencontrera le pourtour dans deux endroits opposés : dans celui qui sera rapproché du centre de figure on diminuera les épaisseurs et on les augmentera dans l'autre, de manière à faire coïncider les deux centres.

Plus il y aura de différence entre ces deux degrés d'épaisseurs, moins on sera obligé d'étendre la superficie des contreforts. Il y a un degré de différence au-dessous duquel le problême seroit insoluble, il répond à la plus grande superficie des appuis. Entre ces deux extrêmes, il convient de prendre un milieu indiqué, par la solidité pour la petite épaisseur, et par le goût pour la grande épaisseur. Il en résulte des espèces de contreforts appliqués sur les parties rapprochées du centre de pression. Mais au lieu de se donner l'épaisseur de ces contreforts pour en déduire la longueur, on pourroit prendre une marche inverse.

Sur toutes ces questions, nous avons dressé des formules dont les applications sont compliquées : nous n'en rapporterons ici que des exemples relatifs au même rectangle que ci-dessus.

16. Supposons que le poids restant toujours à la même place dans l'angle sud-ouest, on veuille qu'il soit aussi le lieu du centre de gravité, pour que la pression soit uniforme sur les quatre soutiens rectangulaires, placés aux quatre coins le plus régulièrement possible, et dont l'étendue totale est fixée par exemple à six unités superficielles. Le pilier nord-est étant le moindre de tous, pour que les dimensions n'en soient pas trop exiguës, il convient de lui donner la forme d'un quarré. Appelant donc x l'épaisseur sur le côté sud, y celle des côtés de l'est et du nord, et z celle du côté occidental, il vient : $xz+xy+y^2+yz=6$, $\frac{1}{2}xz^2+\frac{1}{2}yz^2+(xy+y^2)(6-\frac{1}{2}y)=12$, et $\frac{1}{2}x^2z+\frac{1}{2}x^2y+(y^2+yz)(8-\frac{1}{2}y)=18$, d'où l'on tire successivement $z=\frac{6-xy-y^2}{x+y}$, $y^3+2xy^2-y^2+x^2y-xy-2y-2x$

$+3=0, y^2-10y-x^2+6x=0, x=\frac{2y^3-11y^2-2y+3}{2-5y-2y^2}, 224y^4 -132y^3-158y^2+142y-27=0, y=0,31, x=5,46, z=0,73$. En rapportant ces dimensions sur la figure, au lieu de quatre piliers, on trouve deux pilastres et deux murs, qui laissent sur les grands côtés des ouvertures de 2,23, et sur les petits des ouvertures de 4,96.

Traitons, en second lieu, le cas de la table rectangulaire, appuyée sur tout son pourtour équivalent à six unités de superficie. Appelons z l'épaisseur du cadre intérieur, u celle des contreforts extérieurs, x et y leurs longueurs sur le côté méridional et le côté occidental. Les trois équations seront $6=28z -4z^2+ux+uy+u^2$

$12=3(28z-4z^2)+\frac{1}{2}ux^2-\frac{1}{2}u^2(u+y)$ et $18=4(28z-4z^2) +\frac{1}{2}uy^2-\frac{1}{2}u^2(u+x)$, d'où l'on tire successivement $x =\frac{6-uy-u^2-28z+4z^2}{u}$, $y=\frac{4z^2-28z-u^2+2u+6}{2u}$, $u^4 +u^2(16z^2-112z+20)+u(112z^2-784z+120)-16z^4 +224z^3-832z^2+336z-36=0$. Il y a une indéterminée qu'il est convenable de fixer par la plus grande épaisseur de z ; mais ce maximum n'existe que dans la nature, et ne pourroit être donné par l'analyse qui admettroit des valeurs négatives de x et de y, lesquelles ne seroient d'aucun usage dans la réalité. Cela nous oblige à former une série de valeurs, où la plus convenable soit facile à choisir, en voici une suffisante pour notre objet

$z=0,00$....	$u=0,29$....	$y=11,35$....	$x=9,35$
$z=0,05$	$u=0,23$	$y=11,00$	$x=9,00$
$z=0,10$	$u=0,23$	$y=8,05$	$x=6,05$
$z=0,15$	$u=0,52$	$y=2,57$	$x=0,57$
$z=0,20$	$u=3,37$	$y=-0,60$	$x=-2,60$

Il est visible que les quatrièmes valeurs satisfont davantage aux convenances. Mais si l'on veut obtenir plus exactement le maximum de z, il faut anéantir x. Cette hypothèse simplifie les équations primitives ainsi qu'il suit : $6=28z-4z^2+uy+u^2$ $12=3(28z-4z^2)-\frac{1}{2}u^2(u+y)$ et $18=4(28z-4z^2)+\frac{1}{2}uy^2-\frac{1}{2}u^3$; il en résulte $y=\frac{6-28z+4z^2-u^2}{u}$, $2uz^2+12z^2-14uz-84z+3u+12=0$, $(-2z^2+14z-3)u^2+(-8z^2+56z-9)u+4z^4-56z^3+208z^2-84z+9=0 \ldots u=\frac{12-84z+12z^2}{-3+14z-2z^2}$ $8z^6-168z^5+1164z^4-2576z^3-618z^2+210z-9=0$, d'où $z=0,153$ et par suite $u=0,631$ et $y=2,236$.

Diversifions la question, en supposant que l'étendue des appuis n'est plus fixée, mais que les contreforts doivent avoir la même longueur que les côtés de l'ouest et du sud. Alors $2(28z-4z^2+14u+u^2)=3(28z-4z^2+6u)-\frac{1}{2}u^2(8+u)$, et $3(28z-4z^2+14u+u^2)=4(28z-4z^2+6u)-\frac{1}{2}u^2(6+u)$. Le hasard fait que ces deux équations sont identiques à celle-ci, $56z-8z^2-20u-12u^2-u^3=0$. On peut donc se donner arbitrairement u ou z : si nous faisons ces deux quantités égales, il en résulte $z=2,81$, superficie totale $=94,33$; si au contraire $u=2z$, il vient $z=0,23$, superficie totale $=12,60$.

Supposons enfin qu'on donne les deux épaisseurs $z=0,20$, $u=0,60$, et qu'on demande les longueurs x et y des contreforts. Nous aurons à résoudre les équations $2(5,44+0,36+0,6x+0,6y)=16,32+0,3x^2-0,108-0,18y$ et $3(5,8+0,6x+0,6y)=21,76+0,3y^2-0,108-0,18x$: d'où $y=\frac{1153-300x+75x^2}{345}$, $5625x^4-45000x^3+107700x^2-856365x+629680=0$, $x=0,79$, et par suite $y=2,79$, superficie totale $=7,95$.

17. Nous allons modifier les hypothèses dans lesquelles nous avons raisonné jusqu'à present, et supposer que les divers appuis offrent des résistances inégales: supposition qui se partage naturellement en deux subdivisions, selon que la moindre résistance des supports utiles est supérieure ou inférieure à celle qu'exigeroit le poids, s'il agissoit toujours de la même manière que précédemment. Pour abréger le discours, nous désignerons le premier cas par celui des résistances suffisantes; et le second, par celui des résistances insuffisantes.

Dans le premier cas, il nous suffit de renvoyer aux numéros 3, 5 et 6, pour faire connoître la manière dont la nature doit répartir la charge ; elle est absolument la même que si les résistances étoient égales. En effet, dans cette dernière circonstance, il a été démontré que la répartition de la nature étoit uniforme. Nous ajoutons qu'elle est si prompte, qu'une pression supérieure n'est point demandée aux points les plus rapprochés du centre, à moins que ce ne soit durant un instant infiniment court; puisque autrement, si chaque élément superficiel n'étoit doué que de la résistance suffisante et uniforme, les voisins du centre céderoient d'abord sous une pression supérieure, et de proche en proche tout le système s'écrouleroit, tandis qu'il est évident qu'il doit subsister. La nature n'imposant donc immédiatement à chaque point que la pression uniforme, elle ignore l'excédant dont il peut être capable, puisqu'elle ne l'a point éprouvé, et sa manière d'agir ne sauroit changer quel que soit cet excédant. Ainsi lorsque des appuis seront d'inégales résistances, on operera comme si les résistances étoient égales ; et l'on s'en tiendra aux résultats obtenus, si la pression uniforme est inférieure à la moindre résistance des supports utiles. Il seroit superflu de donner de nouveaux exemples de ces calculs, après ceux que nous avons présentés dans les art. 11 et 12.

18. Mais si quelqu'un des appuis utiles présente une résistance insuffisante, la solution devient plus compliquée. On peut alors distinguer trois cas, selon que la limite des pressions ne traverse aucune résistance insuffisante mais qu'elle les laisse toutes du côté du poids, ou bien qu'elle en traverse une seule qui soit encore étendue au-delà de l'autre côté du poids, ou enfin qu'elle traverse plusieurs milieux inégalement résistans. Dans le premier cas, il est évident que les supports trop peu résistans, situés en de-çà de la limite, porteront tout ce dont ils sont susceptibles ; car cette charge totale est la plus rapprochée des premières vues de la nature, qui étoit disposée à leur demander autant qu'aux autres pieds ; elle n'en exigera pourtant rien au-delà de leur capacité, puisque ces pieds seroient écrasés quelque utiles qu'ils puissent être, et qu'elle peut établir un équilibre moins fatiguant et sans rien détruire, soit en augmentant les autres pressions, soit en reculant la ligne limite qui continuera d'être droite ; et d'un autre côté, la nature après avoir imposé toute leur charge aux pieds les moins résistans, ne leur en retirera rien ensuite, parce que nous avons vu qu'elle ne rétrogradoit point ainsi dans ses opérations, et que d'ailleurs il seroit possible que les autres pieds se refusassent à la surcharge que cela leur occasionneroit. Ce raisonnement est applicable également aux deux autres cas, d'où il

résulte que les résistances insuffisantes, situées en-deçà de la limite des pressions, doivent être employées entièrement, et que cette limite ne cesse pas d'être droite. Il n'y a que pour le troisième cas que cette dernière proposition ait besoin d'être prouvée, et la démonstration que nous allons en donner, pourroit strictement suffire pour justifier en général le principe que nous venons d'énoncer sur les résistances insuffisantes. Nous n'avions rencontré aucune difficulté lors des résistances inégales et suffisantes. Or on pourroit remplacer les résistances insuffisantes par des suffisantes. Soient à cet effet A, B, C, D, E..... $\alpha, \beta, \gamma, \delta, \epsilon$..... les surfaces des divers appuis et leurs pressions rangées par ordre de grandeur ; et supposons que la pression générale et supérieure soit π intermédiaire entre β et γ. Pour amener à ce degré d'intensité les pressions insuffisantes, il faut les multiplier par $\frac{\pi}{\gamma}, \frac{\pi}{\delta}, \frac{\pi}{\epsilon}$; et afin qu'il n'en résulte aucun changement dans le système, diviser au contraire par les mêmes quantités les superficies C, D, E..... : c'est-à-dire que si chacune d'elles est partagée en un million de petites tranches parallèles, il n'en faudra plus prendre sur C que $1000000\frac{\gamma}{\pi}$ et ainsi des autres, en ayant soin que les tranches conservées soient réparties uniformément sur toute la largeur de chaque pied. Il est évident que dans ce nouvel état de choses, l'équilibre s'établira par une seule pression uniforme π limitée à une ligne droite ; et que cette limite ne changera aucunement si l'on rétablit les surfaces et les résistances primitives qui produisent les mêmes effets, puisque $C \times \gamma = C\frac{\gamma}{\pi} \times \pi$..... : d'où l'on peut conclure que le principe de la terminaison en ligne droite ne souffre jamais d'exception.

19. Il est bon de reprendre le rectangle des numéros 11 et 12 pour y appliquer cette théorie, en supposant que les résistances des pieds nord-ouest, sud-est et nord-est soient réduites successivement à $0,15P$, $0,20P$ et $0,25P$.

Dès le premier cas, la pression commence à s'étendre sur le pilier nord-est. Appellant π la pression générale et supérieure, x la longueur pressée sur le côté nord du pilier nord-est, et y la partie analogue sur le côté sud du même pilier. Il vient pour l'équation des composantes, $P = 0,225P + \pi P\left(\frac{3}{2} + \frac{3x+3y}{4} + \frac{29y-23x}{4}\right)$, par conséquent $\pi = \frac{31}{60-200x+320y}$; et pour celles des momens, à l'occident $2 = 0,112 + \pi\left\{\frac{3}{4} + \frac{3x(10+x)}{4} + \frac{(y-x)(15+2x+y)}{4} + \frac{(13y-10x)(30+13y-10x)}{12} + \frac{(y-x)(15+14y-11x)}{4}\right\}$ ou bien $540 + 2385x - 2108x^2 - 3816y + 5146xy - 3317y^2 = 0$; et au midi $3 = 1,631 + \pi\left\{\frac{9}{8} + \frac{87x}{8} + \frac{21y-21x}{4} + \frac{39y-30x}{8} + \frac{9y-9x}{16}\right\}$ ou bien $252 - 1677x + 569y = 0$: l'on en tire $y = 0,29$, $x = 0,25$ et $\pi = 0,302$; les superficies utiles et pressées ne sont que de $0,405$ sur le pilier nord-est, et de $0,665$ sur le pilier sud-est.

Passons au second cas où le pilier sud-est ne seroit capable que de 0,20. Il est à croire que la ligne limite coupera les mêmes côtés des piliers, ce qui conduit à $1 = 0,225 + 0,20\left(\frac{29y-23x}{4}\right) + \pi\left(\frac{3}{2} + \frac{3x+3y}{4}\right),720$

$+2007x-3609y-1750y^2+2618xy-1126x^2+520xy^2$ $+832x^2y-624x^3-728y^3=0$ et $252-723x-637y$ $+416xy-1248x^2+1456y^2=0$, d'où l'on tire $y=0,31$ $x=0,22$, et $\pi=0,305$; la superficie du pilier nord-est n'est plus que de 0,398, et au contraire celle du pilier sud-est est de 0,982.

Traitons enfin le troisième cas par lequel la résistance du pilier nord-est seroit réduite à 0,25. La limite étant supposée dans la même position que précédemment, il vient $1=0,225+0,20\left(\frac{29y-23x}{4}\right)$ $+0,25\left(\frac{3x+3y}{4}\right)+\frac{3}{2}\pi$........ $3537y+1718y^2-2650xy$ $-2069x+1094x^2-720=0$ et $139x+121y-84=0$, d'où $937948 26y^2+49984952y-30335260=0$, $y=0,36$ $x=0,29$, $\pi=0,307$; la superficie pressée du pilier nord-est est 0,488, et celle du pilier sud-est 0,962.

20. Si le pied sud-ouest n'étoit pas capable de la résistance $0,307P$, le système s'écraseroit sous le fardeau, et il est à croire que le pied sud-ouest succomberoit le premier, quoique les trois autres eussent probablement porté auparavant des marques de leur refus de soutenir toute la charge que la nature étoit d'abord dans l'intention de leur imposer. Ces marques sont ordinairement des lézardes, qu'on voit surtout à la jonction des parties pressées et des parties non pressées ou inutiles. Mais nous pensons, d'après la marche de la nature rendue sensible par les calculs du numéro précédent, que des lézardes ou d'autres accidens analogues, ne doivent pas toujours inspirer des craintes sur la durée d'un édifice. Il est possible que ce signe de destruction n'augmente plus, une

fois que les oscillations de la répartition de la charge ont cessé, pour faire place au repos d'un parfait équilibre. On conçoit même aisément que le système subsisteroit encore quelquefois, malgré qu'on vînt à supprimer un soutien lézardé, tel que celui du nord-est, dans notre exemple, pourvu qu'on opérât cette suppression graduellement et sans secousse.

L'on remarquera que le calcul, d'accord avec la simple observation montre que le pied sud-ouest, rapproché du point d'application du fardeau, a besoin de plus de force que tous les autres. En général, et principalement quand le poids n'est pas au centre de gravité, les appuis les plus résistans, pour être utilisés plus sûrement et plus immédiatement, doivent être placés de préférence dans le voisinage du fardeau et le plus symétriquement possible, laissant les autres appuis pour les parties éloignées. Nous ne nous dissimulons pas que cette règle seroit contraire à l'usage qui veut qu'on fortifie les encoignures; mais aussi elle seroit davantage dans la nature, qui est un guide parfaitement sûr, et qui en formant les noyaux des montagnes de matières plus consistantes que les bords, nous apprend à accumuler les forces vers le centre de gravité.

21. Le dernier cas du problème que nous venons de résoudre, présente la solution complète de la question que nous nous étions proposée d'abord sur la table rectangulaire, accompagnée de toutes les circonstances les plus propres à compliquer la difficulté. Les procédés resteroient absolument les mêmes, quelle que fût la figure, la disposition, le nombre ou la force des appuis. Nous avons opéré

graduellement, en n'introduisant chaque fois qu'une seule résistance inégale et insuffisante. Mais en général si A, B, C, D, E.... sont les surfaces des divers appuis ; α, β, γ, δ, ϵ..... leurs résistances proportionnelles rangées par ordre de grandeur, a, a', b, b', c, c', d, d', e, e',..... les ordonnées de leurs centres de figures ; P, p, p', la charge totale et les ordonnées de son point d'application : il y a d'abord deux inconnues x et y relatives à la position de la droite limite, qui peut traverser plusieurs pieds, tels que A, C, E ; désignons par les mêmes lettres accentuées en bas, les portions de superficies pressées et leurs ordonnées, ce sont des fonctions des seules inconnues x et y qu'il est facile d'exprimer et de calculer à l'aide de la géométrie. La troisième inconnue π indique la pression uniforme qui a lieu sur les pieds les plus résistans, mais on ignore sur combien d'entre eux elle s'applique, et c'est à ce sujet qu'il faut se résoudre à plusieurs essais pénibles. Afin d'en restreindre le nombre, il est prudent de supposer d'abord π intermédiaire entre les divers degrés de résistance, par exemple, entre γ et δ : alors on doit poser les trois équations suivantes entre x, y et π.

$$P = A_{,}\alpha + B\beta + C_{,}\gamma + D\pi + E_{,}\pi \ldots\ldots$$
$$Pp = A_{,}\alpha a_{,} + B\beta b + C_{,}\gamma c_{,} + D\pi d + E_{,}\pi e \ldots\ldots$$
$$Pp' = A_{,}\alpha' a_{,} + B\beta b' + C_{,}\gamma c' _{,} + D\pi d' + E_{,}\pi e' \ldots\ldots$$

Si la valeur résultante pour π est effectivement intermédiaire entre γ et δ, conformément à l'hypothèse, la solution sera bonne et définitive.

Mais si π se trouvoit inférieur à γ, il faudroit poser.

$$P = A_{,}\alpha + B\beta + C_{,}\pi + D\pi + E_{,}\pi \ldots\ldots$$
$$Pp = A_{,}\alpha a_{,} + B\beta b + C_{,}\pi c_{,} + D\pi d + E_{,}\pi e \ldots\ldots$$
$$Pp' = A_{,}\alpha a'_{,} + B\beta b' + C_{,}\pi c'_{,} + D\pi d' + E_{,}\pi e' \ldots\ldots$$

Et si, au contraire, π était supérieur à δ : $P = A,\alpha + B\beta + C,\gamma + D\delta + E,\pi \ldots\ldots$ $Pp = A,\alpha a, + B\beta b + C,\gamma c, + D\delta d + E,\pi e, \ldots$ et $Pp' = A,\alpha a', + B\beta b' + C,\gamma c', + D\delta d' + E,\pi e', \ldots$ On pourroit faire sur les appuis d'inégales et d'insuffisantes résistances, des recherches analogues aux applications indiquées dans les numéros 15 et 16. Mais elles seroient fort compliquées, eu égard surtout à l'indétermination qu'on rencontreroit dans le choix du meilleur emplacement des appuis plus ou moins solides. Elles seroient en même temps heureusement assez superflues, car il n'est pas convenable d'employer au support d'une charge quelconque des matières trop peu résistantes, et il est rare qu'on en fasse usage pour autre chose que pour des objets accessoires.

22. C'est ici que se termine la théorie que nous avions à établir. Mais avant de passer aux applications usuelles qu'on en peut tirer pour l'art des constructions, nous allons faire entrevoir les difficultés qui naîtroient de la réunion de plusieurs systèmes dépendans les uns des autres : comme il arrive quand une table n'a qu'un ou deux pieds immédiats ou même qu'elle en manque absolument, et qu'elle est soutenue sur une partie de son pourtour par d'autres tables inflexibles, appuyées directement sur des pieds dont la résistance est connue. Si cette résistance est plus que suffisante, et on ne peut s'en assurer qu'en faisant les calculs dans cette même hypothèse, ce ne sera que l'effet du hasard si les pressions sur les tables inférieures sont égales entre elles, et en général on devra adopter la solution où la plus forte pression sera la moindre possible. Dans chaque système particulier, il est évident que la pression sera uni-

forme et qu'elle s'arrêtera à une ligne droite; mais ces lignes droites pourront être dans des situations bien différentes les unes des autres, et l'on conçoit même que les parties pressées dans les divers systèmes pourroient n'être pas contiguës : il suffit pour cela d'imaginer une très-petite charge sur la table supérieure, tandis qu'il y en auroit de considérables sur les bords extérieurs des tables inférieures. Si un simple problême comme le dernier du n.° 11 présente tant de complication, que sera-ce de celui-ci où la solution d'un seul cas sera au moins d'une longueur double ou triple, et où il faudra traiter un assez grand nombre de cas, pour pouvoir y rencontrer et choisir le moindre maximum de pression indiqué ci-dessus ? Pour la recherche de ce moindre maximum, nous ne saurions fixer de règle générale, pas même une qui fût analogue à celle que nous avons déduite dans les n.os 9 et 10 au sujet des points, car les divers systèmes combinés ensemble ne présenteront souvent que des pressions inégales. Dans notre manuscrit déjà cité, nous nous sommes bornés à l'examen de deux systèmes portant sur des appuis rectangulaires et disposés symétriquement; et, malgré toutes ces restrictions, la variété de position des fardeaux donnoit lieu à une multitude de circonstances différentes, dont nous n'avons traité que les cinq principales.

La difficulté des calculs sembleroit presque insurmontable, si les résistances étoient insuffisantes. Mais puisque nous avons démontré qu'il étoit défectueux, dans un système quelconque de constructions, d'avoir des parties pressées et d'autres non pressées : on tranche toutes ces difficultés, en faisant toujours en sorte que les divers fardeaux soient proportionnels à la superficie des figures dont ils occupent le centre de gravité, et que ces figures se touchent exactement sans se superposer ni laisser aucuns vides. Quand toutes ces conditions seront remplies, il sera indifférent que chaque support ou table inflexible s'étende un peu ou beaucoup plus sur les supports inférieurs; cependant il y auroit quelquefois de l'inconvénient à diminuer l'étendue de ces supports, et il n'y en auroit jamais à les augmenter.

23. Pour appliquer la règle précédente à la figure que nous avons supposée dans les articles 11, 12 et 19, nous remplacerons chacun des piliers massifs, par quatre petits pilastres isolés, surmontés d'un plateau inflexible et non pesant; nous imaginerons quatre platebandes semblables qui les relient deux à deux dans tout le pourtour; et une dernière qui recouvre le tout, et qui porte dans son centre le fardeau unique P. Si l'on veut que la pression soit $10P$, il faudra que la surface totale des appuis soit un dixième, ce qui peut être satisfait d'une infinité de manières. La plus simple paroîtroit être de faire tous les piliers égaux, et comme il y en a seize, il en résulteroit pour le côté de chacun 0,079 Cependant il seroit préférable de considérer tout le système, comme la réunion de neuf systèmes partiels, qui supporteroient des fardeaux proportionnels à leur étendue. Il viendroit dans les compartimens des angles, poids $=\frac{3P}{96}$, surface $=\frac{1}{320}$, côté $\sqrt{\frac{1}{1280}}=0,028$; dans les compartimens de l'est et de l'ouest, poids $=\frac{10P}{96}$, surface $=\frac{1}{96}$, côté $=0,051$; dans ceux du nord

et du sud, poids $= \frac{12P}{96}$, surface $= \frac{1}{80}$, côté $= 0,056$; enfin dans celui du milieu, poids $= \frac{40P}{96}$, surface $= \frac{4}{96}$, côté $= 0,102$. Ainsi les piliers du centre seroient les plus considérables, et ceux des angles les plus minces; ceux des bords seroient composés de deux piliers accolés, qui présenteroient six faces différentes; et les piliers du centre étant quadruples, présenteroient douze faces. L'on pourroit remplacer ce pilier à douze faces, par un autre qui n'en auroit que quatre, et qui offriroit des angles aigus et des angles obtus. Sa recherche seroit en général très-compliquée. Mais nous ne transcrirons point ici les formules auxquelles elle donne lieu; et nous passerons pareillement sous silence les autres questions de géométrie qui se rattachent plus ou moins à notre théorie, parce qu'elles ne seroient point d'une utilité fréquente ou immédiate, et qu'il seroit facile à nos lecteurs de les suppléer au besoin.

SECONDE PARTIE.

APPLICATIONS AUX CONSTRUCTIONS.

24. Il est indispensable de faire précéder les conséquences qui nous restent à tirer de nos principes sur l'action de la pesanteur et la stabilité de l'équilibre, par des observations sur la force des matériaux employés habituellement comme poteaux ou comme linteaux. Ce sujet est aussi difficile qu'important. Il y reste beaucoup d'incertitudes, malgré la foule des expériences qu'on a recueillies et comparées, pour tâcher de les dissiper. Si donc nous présentons des idées nouvelles, ce ne sera qu'avec une juste défiance de leur mérite, mais non pas sans avoir reconnu auparavant la fausseté des anciennes propositions qu'elles seront destinées à remplacer, jusqu'à ce qu'il survienne d'autres améliorations.

Au lieu de multiplier les expériences sur des échantillons de dimensions trop inférieures à celles d'usage, pour pouvoir en conclure du petit au grand des règles sûres dans la pratique : nous pensons qu'il vaudroit mieux puiser les règles générales dans la nature même des choses, en s'aidant de considérations physiques ; les formules ainsi posées renfermeroient des termes inconnus, qu'on détermineroit pour chaque matière par des expériences en grand qui se rapprochassent davantage de l'usage commun, et qu'on pût avec bien plus de sûreté réduire du grand au petit pour les autres applications.

25. Ainsi pour une tranche quelconque d'un pilier prismatique dont la section est s, le contour c, et la hauteur du centre de gravité h : nous poserons pour l'expression de la Résistance, $R=\frac{Ks^2}{hc}$, dans laquelle K est un coefficient constant inconnu.

D'abord, personne ne met en doute la proportionnalité de la force d'un pilier avec sa section. Mais la cohésion des molécules doit entrer aussi dans ce rapport : en effet, il est incontestable qu'un pilier quarré homogène, et d'une seule pièce, aura plus de force qu'un pilier semblable partagé en quatre parties égales par deux plans verticaux et perpendiculaires; que ces quatre prismes accolés auront eux-mêmes plus de force que s'ils étoient isolés; et qu'à plus forte raison, le premier prisme en aura plus que les quatre derniers : devant donc faire entrer la cohésion dans l'expression de la résistance, il suffit de partager un rectangle en une multitude de petits carreaux, pour se convaincre que la cohésion a lieu sur deux séries de lignes parallèles si rapprochées, que chaque série équivaut à la surface; ainsi la cohésion étant proportionnelle au double de la surface, nous avons été autorisés à introduire le second facteur s. En troisième lieu, la force de cohésion n'est pas la même sur les bords qu'au milieu du pilier, parce que les molécules du centre qui tendent à s'écarter y trouvent un obstacle dans le voisinage des autres, tandis que celles de la circonférence y en rencontrent d'autant moins que la matière environnante est moins dense, soit de l'air, de l'eau ou de la terre; mais si le pilier étoit entouré de fer, la tendance à l'écartement seroit comme anéantie, et la cohésion pourroit être uniforme dans tout le pilier; lorsqu'au contraire, il n'est entouré que d'un fluide non résistant, la tendance à l'écartement semble devoir être dans le rapport du périmètre : ce qui nous l'a fait insérer au dénominateur. Enfin la stabilité du pilier paroît être en raison inverse de la hauteur de son centre de gravité, puisque cette hauteur répond au bras de levier de la force horizontale qui tendroit à le renverser : ainsi le facteur h trouvoit sa place à côté de c.

Au reste, nous avouons que le dénominateur ch n'est pas aussi bien motivé que le numérateur s^2; et peut-être au lieu de ch, faudroit-il substituer une fonction plus compliquée de ces deux quantités. D'un autre côté, la formule $R=\frac{Ks^2}{hc}$ pourroit, dans plusieurs circonstances, avoir besoin de quelques modifications, pour mieux s'approprier à la contexture des divers matériaux, à la densité du milieu environnant, à l'isolement complet ou à la corrélation des diverses parties d'un édifice, enfin à la réaction plus ou moins forte des objets extérieurs. Mais une formule parfaitement exacte seroit sans doute embarrassante dans les applications usuelles; et nous croyons que la nôtre joint à sa grande simplicité, une exactitude dont on peut se contenter généralement : à défaut d'une démonstration rigoureuse, les remarques et les analogies qui suivent, ne laisseront pas que de la fortifier.

26. Dans le cas d'un cube de a en tout sens, notre formule devient $R=\frac{1}{2}Ka^2$, c'est-à-dire, comme l'a remarqué M. Rondelet, que la résistance des cubes

est proportionnelle à leur base; mais nous croyons que cela n'est vrai que des cubes, et des cylindres dont le diamètre est égal à la hauteur. Pour une colonne du rayon a, $R=\frac{\pi K a^3}{h}$: de sorte que la hauteur d'une colonne possible n'est pas indépendante de sa base, comme il sembleroit résulter de la citation que fait l'Auteur de l'Art de bâtir à la page 77 du 3.e tome de son ouvrage, au sujet des expériences de M. Gauthey sur la pierre de Gyvry; nous nous flattons qu'en cela, le simple raisonnement est d'accord avec notre formule. Si l'on veut calculer la hauteur de la plus grande colonne qu'on puisse construire avec la matière correspondante au coefficient K, dont nous supposerons que la pesanteur spécifique soit g : il n'y aura qu'à poser l'équation $2g\pi a^2 h=\frac{\pi K a^3}{h}$, d'où hauteur $2h=\sqrt{\frac{2Ka}{g}}$. Pour la muraille dont la longueur seroit a et l'épaisseur b: $2abhg=\frac{Ka^2b^2}{2h(a+b)}$, d'où $2h=\sqrt{\frac{Kab}{g(a+b)}}$.

Si notre formule est vraie, h étant la hauteur du centre de gravité qui ne varie point dans les diverses tranches, il s'ensuit que la résistance d'un prisme est la même dans toutes les tranches : cependant les supérieures ont moins à porter que les autres, ce qui leur laisse un excédant de force. Il n'est pourtant pas convenable qu'elles en aient plus que la base, il est donc bon de la leur retrancher, ce qui allégera d'autant la charge des tranches inférieures. Nous sommes conduits par-là à rechercher quel profil doit avoir un solide de révolution, pour que toutes les tranches aient une résistance proportionnelle à leur charge. Soient x les abscisses le long de l'axe, y les ordonnées de la courbe, et a le rapport donné de la résistance à la charge : le poids qui pèse sur une tranche est $g\int\pi y^2 dx$, et la résistance de cette tranche est $\frac{K\pi^2 y^4}{2h\pi y}$, donc $ag\int\pi y^2 dx = \frac{K\pi y^3}{2h}$, différenciant les deux membres, $ag\pi y^2 dx = \frac{3K\pi y^2 dy}{2h}$, ou bien $dx = \frac{3K}{2agh} dy$, d'où $x = \frac{3K}{2agh} y + c$. Dans l'absence d'un fardeau étranger, on doit avoir en même tems x et y nuls, donc la surface cherchée est un cône droit circulaire. S'il y avoit un poids étranger, il faudroit tronquer le cône de telle sorte que la partie supprimée représentât le poids en question. Il est évident que cette propriété des cônes est commune à toutes sortes de pyramides. Pour le plus haut cône ou obélisque, il faut faire $x = H$, $h = \frac{1}{4}H$, d'où $H = \sqrt{\frac{6Ka}{g}}$. L'on remarquera encore qu'un cône entier ne sauroit porter le moindre poids sans s'émousser ; que la petite base du cône tronqué doit être assortie à la charge comme si elle étoit isolée, et que la grande base ne reçoit une augmentation qu'en raison même du poids du cône. Cet avantage du cône d'être plus fort que le cylindre, n'est sûrement point sans rapport avec la remarque que les pierres en s'écrasant se décomposent en pyramides, selon le témoignage et les expériences de M. Rondelet, page 81 de son 3.e volume.

Nous ne finirons pas l'examen de la formule $R = \frac{Ks^4}{hc}$, sans faire observer qu'elle s'applique aussi bien à un système de plusieurs soutiens qu'à un soutien isolé. En effet, soient n prismes égaux à celui dont les dimensions sont s et $2h$, leur résistance devra être nR : d'un autre côté la formule donne $\frac{K(ns)^2}{h.nc}$; or $\frac{Kn^2s^2}{hnc} = n\frac{Ks^2}{hc} = nR$.

27. Tous ceux qui ont fait ou recueilli des expériences sur les linteaux ont admis la formule $R = \frac{Keh^2}{l}$, dans laquelle K est un nouveau coefficient, e la largeur du linteau, h sa hauteur et l sa longueur ou sa portée. Nous n'en proposerons pas d'autre, quoiqu'il soit bien certain que si la hauteur est très-grande par rapport à la largeur, cette expression devient fautive ; et qu'il y a une limite au-delà de laquelle la force cesse d'augmenter avec la hauteur, et diminue au contraire, ainsi qu'on le voit dans les matériaux posés debout. D'un autre côté, la formule $R = \frac{Keh^2}{l}$ donneroit à croire qu'une poutre quarrée n'auroit pas plus de force en une seule pièce, que divisée en un certain nombre de planches accolées, ou isolées les unes des autres, ce qui est démenti par l'expérience et par le raisonnement : Ainsi peut-être auroit-il mieux valu poser $R = \frac{K'e^2h^2}{l}$, ou bien $R = \frac{K''e^2h^3}{l}$. Les expériences en cette matière ne nous ont pas paru assez concordantes pour hasarder d'en tirer une formule nouvelle. Revenons donc à l'expression $R = \frac{Keh^2}{l}$: nous y supposons tout le fardeau appliqué au milieu de la pièce ; s'il étoit réparti uniformément sur toute

la longueur; il fatigueroit moitié moins, de sorte que le coefficient K devroit alors être doublé.

Si le linteau est quarré et qu'il n'ait que son propre poids à soutenir, la formule devient $R=\frac{2Kh^3}{l}$. La plus grande longueur qu'on puisse lui donner dérivera de l'équation $glh^2=\frac{2Kh^3}{l}$, d'où $l=\sqrt{\frac{2Kh}{g}}$. Il y a une parfaite analogie entre ce résultat et celui du numéro précédent pour le plus haut cylindre possible.

28. Reprenons la formule des soutiens verticaux, et cherchons la valeur de K pour les matières usuelles, telles que le marbre, la pierre, le tuffeau et le bois. D'après la description de la machine de M. Rondelet, page 80 du 3.e volume, et les tables d'expériences rapportées à la page 208 du 1.er volume, on voit que le poids du prisme de la pierre éprouvée, peut être négligé en comparaison de celui qu'il a fallu pour l'écraser; et que ce dernier étoit appliqué à une distance de la face voisine, double environ du côté du cube. Cette circonstance transforme la formule générale en $R=\frac{Ka^2}{12}$, d'où $K=\frac{12R}{a^2}$. Dans les dix-huit expériences de la page 212, on a $a=0^m,05$ et moyennement $g=2754^{kil}$, $R=22534^{kil}$, donc $K=108\,163\,200$ kilogrammes, et en général $R=108\,163\,200\frac{s^2}{hc}$: telle est la formule théorique du marbre. Mais à cause de l'inexactitude possible de la formule et de l'expérience, des défauts inévitables dans la construction, et de la difficulté de se procurer des soutiens d'un seul bloc; enfin pour avoir une stabilité assurée

contre les injures du tems, les secousses ou les altérations imprévues : il est bon d'imposer dans la pratique une charge dix fois moindre que celle de la théorie. Ainsi nous proposerons pour équation pratique en mètres et kilogrammes, $R = 1081632o\frac{s^2}{hc}$; en pieds et livres elle seroit $R = 2331091\frac{s^2}{hc}$. On en conclut pour la hauteur du prisme d'un mètre de côté $44^m,31$, et pour son poids 122030 kilogrammes; la hauteur de l'obélisque analogue est de $108^m,55$.

Pour la pierre d'une dureté moyenne, les 24 derniers numéros de la page 209 nous ont fourni $g = 2202$, $R = 4355$, d'où $K = 20904000$; dans la pratique $R = 2\,090\,400\frac{s^2}{hc}$ en mesures nouvelles, et $R = 450\,513\frac{s^2}{ch}$ en mesures anciennes. Le prisme quarré d'un mètre de base n'aura plus de hauteur que $21^m,79$, il pesera 47982^k. La hauteur de l'obélisque sera de $53^m,37$.

Pour le tuffeau, nous présenterons le résultat moyen des dix expériences de la page 211, depuis Vergelée n.° 2 jusqu'à S.t Leu n.° 3 inclusivement : $g = 1610$, $R = 1014$, $K = 4867200$ théoriquement, et pratiquement $R = 486720\frac{s^2}{hc}$ en mètres, ou bien $R = 104896\frac{s^2}{hc}$ en pieds. La hauteur du prisme sera réduite à $12,^m29$, et son poids à 19787^k; l'obélisque pourra avoir $30^m,18$.

Un mur épais d'un mètre offriroit plus de stabilité que le prisme quarré dont il vient d'être question;

mais cette stabilité n'est pourtant pas proportionnelle à la longueur du mur : on peut en juger par les deux séries suivantes, qui donnent certaines longueurs avec les hauteurs correspondantes :

longueurs	1.^{m}	2	3	4	5
hauteurs	12^m,29 —	14,20 —	15,16 —	15,55 —	15,87
longueurs	6.^{m}	7	8	9	10.
hauteurs	16^m,10 —	16,26 —	16,39 —	16,49 —	16,58.

Nos formules peuvent servir encore à calculer le talus qu'il est convenable de donner aux deux paremens d'un mur, connoissant son épaisseur à la base. Soit pour exemple un mur de tuffeau qui ait une longueur très-considérable, par rapport à son épaisseur inférieure d'un mètre ; on a l'équation $\frac{1}{2}glh=\frac{3}{2}\frac{Kl^2}{hl}$, d'où $h=\sqrt{\frac{3K}{g}}=30^m,12$: ainsi chaque talus sera de $\frac{50}{3012}$ ou environ d'un soixantième de la hauteur.

C'est sur le bois que nous possédons le plus grand nombre d'expériences. A la page 65 du 4.e volume de M. Rondelet, on voit que le bois tiré par les deux bouts est capable d'une résistance proportionnelle à sa section, et indépendante de sa longueur : nous rapportons volontiers ce fait, qui au premier abord pourroit paroître en contradiction avec notre formule, mais qui n'y est aucunement ; ainsi qu'on peut s'en assurer en réfléchissant sur la nature différente des efforts qu'éprouve une pièce de bois verticale, selon qu'elle est tirée ou chargée par un poids. L'auteur de l'Art de bâtir cite une expérience de M. Girard qu'il regarde comme concordante avec les siennes, rapportées précédemment ; nous avons préféré nous baser sur cette expérience de M. Girard, qui est plus en grand, et nous en avons conclu la valeur théorique de k qui est de 247139 en pouces et livres, et de 164930566 en mètres et kilogrammes. La formule d'usage deviendra $R=16493057\frac{s^2}{hc}$, et en adoptant 800^k pour la pesanteur spécifique du bois, on obtient 101^m, 53 et 248^m, 70 pour la hauteur des arbres prismatique et pyramidal d'un mètre de base.

Dans notre ouvrage manuscrit, nous avions tenté de traiter aussi des fers, des mortiers et des briques. Nous n'avions sur les premiers que des expériences disparates et divergentes, sur les seconds que des expériences peu nombreuses ou peu concluantes; et sur les dernières nous étions réduits à nos propres expériences, qui n'ont pu être faites que fort imparfaitement. Quoi qu'il en soit, voici l'analyse de nos résultats théoriques : fer, $g=7700$, $K=6303485720$; mortier, $g=1528$, $K=7041600$; brique, $g=1800$, $K=12658000$.

Si l'on jugeoit de la force des matériaux par la hauteur praticable des prismes, par exemple d'un mètre d'équarrissage, on les classeroit ainsi : fer 202, bois 102, marbre 44, pierre 22, brique 19, mortier 15 et tuffeau 12.

29. On lit à la page 74 du tome 3.e de M. Rondelet, que les charges des piliers par mètre quarré sont de 163539^k à S.t Pierre de Rome, 197609 à S.t Paul de Rome, 193498 à S.t paul de Londres; 147826 aux Invalides de Paris, 294290 à S.te Geneviève et 294234 à S.t Merry. Il s'en faut que ces observations soient en contradiction avec les résultats de notre formule, en ce qui concerne les charges métriques; car si l'on calcule la charge pratique

qu'on puisse appliquer sur la base de piliers quarrés de quatre mètres de côté et de trente-deux de hauteur, on trouve 540160^k pour ceux de marbre et 1045200 pour ceux de pierre commune, ce qui répond à 338010^k ou 65325_k par mêtre quarré. On se rappelle que la charge théorique seroit décuple : ainsi il est possible que les piliers de S.te Geneviève, ayant moins de quatre mètres de côté, aient eu à peine le double de la force indiquée par la théorie.

Il est utile de nous arrêter en core à un exemple ; nous choisirons celui des petites colonnes de l'église Toussaints d'Angers citées à la page 184 du 3.e volume de l'Art de bâtir, lesquelles étoient en pierre de Fourneux, n.° 12 de la page 208 du 1.er volume. De cette table, on conclut théoriquement $K=52512000$ pour cette sorte de pierre ; ainsi pour les colonnes en question $R=52512000 \times \frac{\pi d^3}{16H}=10314857 \times \frac{0,298^3}{780}=34996$ kilogrammes $=71493$ livres : or c'est le poids de toute la voûte que M. Rondelet évalue à 127660 livres, et il n'est pas raisonnable de supposer que chaque colonne en portât plus des $\frac{3}{16}$, ce qui fait 23936 livres seulement pour l'une d'elles, ou bien le tiers de la résistance possible. Nous n'en trouvons pas moins ces colonnes d'une grande hardiesse, puisque nous serions d'avis de nous borner dans la pratique au dixième de cette résistance.

30. Si nous passons à l'examen des matériaux employés horizontalement comme linteaux, nous ne trouvons d'expériences décisives que sur les bois. La valeur moyenne de K tirée des résultats de la page

514 du tome 4.e et des pages 71 à 80 du tome 3.e, est de 6797. Ainsi la formule en pouces et en livres est pour la théorie $R=6797\frac{eh^2}{l}$ et pour la pratique $R=680\frac{eh^2}{l}$; en mètres et kilogrammes, également dans la pratique $R=454033\frac{eh^2}{l}$. Pour la poutre ou solive qui n'a que son propre poids à porter $l^2=1135,08h$; si donc $h=1,^m00$, $l=33,^m69$; si $h=0,10$, $l=10,65$. Quand la poutre est chargée dans le milieu, son poids pour être bien combiné avec la charge, ne doit être compté que pour moitié.

Il y a beaucoup d'incertitude sur les autres matières, cependant nous avons quelques raisons de croire que pour les fers, $K=16149222$, pour les mortiers 17371, pour les briques 42200, pour les tuffeaux 14749, pour les pierres 63345 et pour les marbres 327767. De sorte que si l'on jugeoit de la force des linteaux par les diverses longueurs pratiques, on rangeroit les matériaux dans l'ordre suivant; bois 34, fer 20, marbre 15, pierre 8, brique 7, tuffeau 4 et mortier 2.

31. Notre but dans cette seconde partie est de donner une méthode analytique et facile, pour calculer les diverses dimensions d'un édifice : nous avons commencé à cet effet par l'examen des matériaux qui en sont les premiers élémens, nous allons passer maintenant à celui des élémens secondaires, tels que les planchers, les murs et leurs fondations.

Et d'abord puisque les planchers tiennent lieu dans la pratique, des tables ou supports sur lesquels nous avons raisonné dans la première partie, il faut cesser de leur supposer une parfaite inflexibilité, car la nature même des matières et leur assemblage s'y refusent également. La flexibilité inévitable des planchers peut altérer la position du centre de gravité du fardeau, quand celui-ci n'est pas placé régulièrement. Elle peut, par l'affaissement du milieu et le soulèvement des bords retirer la pression des arrêtes extérieures des murs, et en exercer une d'autant plus grande sur les arrêtes intérieures, ce qui y feroit conseiller l'emploi des matériaux les plus durs. Elle peut encore exciter les murs supérieurs à se déverser intérieurement; mais cette tendance sera diminuée, si le plancher est encastré dans toute l'épaisseur du mur, s'il y a un balcon ou une corniche qui fasse équilibre à l'affaissement intérieur, enfin si le fruit du mur supérieur est en dedans au lieu d'être en dehors; et si le goût ne réprouvoit pas les encorbellemens qu'on remarque souvent aux maisons de bois de plusieurs étages, on pourroit les recommander comme avantageux à l'équilibre.

32. Entrant dans le détail des planchers usités, nous écarterons ceux où l'on n'emploie que de longs soliveaux portant sur des murs opposés, à cause que les autres murs ne participent point alors à la pression, et qu'il entre dans nos principes que la pression soit générale et uniforme. Quand le plancher est divisé en plusieurs travées par des poutres, en ne faisant abstraction du poids que de celles-ci, des calculs et des raisonnemens assez simples nous ont conduit aux règles suivantes : que la largeur de chaque poutre soit proportionnelle à la largeur moyenne des travées voisines ; que les murs parallèles aux poutres, qui portent chacun une demi-travée, n'aient

qu'une épaisseur analogue ; que les trumeaux qui portent les deux extrémités d'une même poutre, soient d'une superficie équivalente entr'eux, et présentent ensemble la même superficie que celle de la poutre; que les ouvertures pratiquées dans un mur soient compensées le plus près possible par des épaisseurs excédantes, et que de longues semelles de bois reposant sur les murs, ou bien une bonne liaison dans la maçonnerie, transmettent la pression à toutes les parties de la base; enfin que les extrémités des murs qui soutiennent les poutres, n'ayant que leur propre poids à porter, pourraient être supprimées avec moins d'inconvénient, et qu'il seroit convenable de profiter de ces encoignures pour y pratiquer des cheminées, des placards ou d'autres ouvertures.

L'équilibre et la simplicité qui résultent de l'égale pression d'un plancher sur le pourtour entier des murs, devroient rendre d'un usage plus fréquent le système imaginé par Serlio, qui a été exécuté sur de grandes dimensions en Hollande, et qui est décrit à la page 150 du 4.e volume de l'Art de bâtir. Cette combinaison de petits soliveaux formant une multitude de caissons réguliers, est à la fois élégante et économique. Mais si l'on craignait que l'interruption des fils du bois ne fût trop nuisible à la force et à la durée de ces sortes de planchers, on pourrait employer deux rangées de longs et minces soliveaux qui portassent sur les quatre murs, la seconde rangée étant superposée à la première et la croisant perpendiculairement; il deviendroit alors nécessaire de boulonner ou relier les soliveaux dans tous leurs points de rencontre, ou du moins dans un très-grand nombre. C'est à ce système par caissons que nous nous attacherons particulièrement : mais afin de pouvoir le comparer mieux avec le plancher par travées, nous allons présenter les dimensions et le poids de l'un et de l'autre.

33. Occupons-nous d'abord du plancher divisé en travées, et prenons pour premier exemple une grandeur et une disposition assez communes, savoir un quarré de six mètres de côté, partagé en deux par une poutre quarrée, laquelle porte de part et d'autre dix-neuf ou vingt soliveaux espacés de trente centimètres d'axe en axe ; supposons enfin que les soliveaux soient recouverts d'un simple parquet non chargé. L'épaisseur de ce parquet résultera de l'équation $l^2 = 1135{,}08h$, dans laquelle l devroit être la largeur du vide entre les soliveaux ; mais pour plus de simplicité, nous y substituerons, sans erreur sensible, toute la largeur $0^m{,}30$ d'axe en axe : ainsi $h = 0^m{,}000079$, ou bien les deux tiers de l'épaisseur d'une feuille de papier. La charge d'une solive n'est que de $0^k{,}019$, elle donne la formule $0{,}019 + 800 \times 3h^2 = 908066 \frac{h^3}{3}$, d'où $h = 0^m{,}007$. La poutre porte la moitié des planches et des solives, ou bien $1{,}138 + 2{,}352 = 3^k{,}490$: donc $3{,}490 + 4800h^2 = 908066 \frac{h^3}{6}$, d'où $h = 0{,}043$. Poids total du plancher, $2{,}276 + 6{,}980 + 8{,}875 = 18^k{,}131$.

Mais un plancher est toujours destiné à porter une charge ou susceptible d'en recevoir une. Nous n'en ferons pas abstraction désormais, et nous supposerons la charge placée de manière que les centres de figure et de gravité coïncident au même point du plancher. Si cette coïncidence n'a pas lieu d'abord, parce que des meubles ou d'autres fardeaux sont disposés irrégulièrement, il suffit de l'introduction d'un certain nombre de personnes pour déranger le centre de gravité; et ces personnes, en changeant de place, occasionnent même souvent des percussions plus fatigantes pour les planchers, que la simple pression des objets fixes. Dans cette mobilité de la charge, il est prudent d'avoir égard d'avance à la plus grande qui puisse avoir lieu; c'est pourquoi nous compterons par mètre quarré, quatre hommes ou trois cents kylogrammes. Il vient dans cette hypothèse, pour une travée de soliveaux sur un mètre de longueur, $90+240h=908066\frac{h^2}{0,3}$, d'où $h=0,0055$, c'est l'épaisseur des planches. La charge d'une solive est $270+3,96+2400h^2=908066\frac{h^3}{3}$, d'où $h=0,0994$. La charge de la poutre est $5400+79,20+474,26+4800h^2=908066\frac{h^3}{6}$, d'où $h=0^m,351$. Enfin l'on a pour la charge totale du plancher $10800+158+949+591=12498^k$.

Ces résultats sont d'accord avec l'usage, excepté pour l'épaisseur du parquet, parce que ce seroit une main-d'œuvre coûteuse et superflue, que de scier le bois si mince. Pour nous conformer entièrement à la pratique, nous allons donner aux planches l'épaisseur de quatre centimètres; mais afin de simplifier les équations, ce qui ne les rendra pas pour cela sensiblement inexactes, dans le calcul des soliveaux et de la poutre, nous allons négliger leur propre poids. Il en résulte pour chaque soliveau $270+28,8$

$=908066\frac{h^3}{3}$, d'où $h=0,0996$; et pour la poutre $5400+576+476,2=908066\frac{h^3}{6}$, d'où $h=0,349$: charge totale du plancher $10800+1152+952+585=13489^k$, et par mètre quarré $374^k,7$.

Si l'on fait les calculs analogues sur un plancher de trois mètres de côté, on trouvera pour l'équarrissage des soliveaux et de la poutre $0^m,0627$, et $0,172$, pour les charges totale et métrique 3153^k et $350^k,3$. Au contraire, pour le plancher de douze mètres de côté, les équarrissages sont $0^m,1581$ et $0,724$, et les charges 62431^k et $433^k,5$.

On peut remarquer que, dans ces trois planchers, il y a une charge métrique de 332^k qui est constante, et une partie variable correspondante aux poutres et soliveaux qui est de $18^k,3$—$42,7$, et $101,5$: cette dernière est à peu près proportionnelle à la largeur du quarré. Si la pièce étoit rectangulaire, on devroit employer les mêmes équarrissages que pour le quarré de la moindre dimension, et la charge métrique y seroit aussi pareille. De sorte qu'on peut poser cette règle approchante de la vérité, que le poids par mètre quarré des bois d'un plancher sera de trente-deux kilogrammes, plus sept fois sa moindre largeur.

Passant aux planchers carrelés en briques, dont le carrelage peut avoir en tout douze centimètres d'épaisseur à 1800^k le mètre cube, nous obtiendrons pour le plancher de trois mètres de côté, équarrissage des soliveaux et de la poutre $0^m,0727$ et $0,199$, charges totale et métrique 4866^k et $540^k,7$; pour le plancher de six mètres de côté, équarrissages $0^m,1153$

et 0,403, charges 20634 et 573^k,2 ; et pour celui de douze mètres de côté, équarrissages 0,1831 et 0^m832, charges 93822^k et 651,5. La charge constante est de 516^k, et la variable 24^k,7—57,2 et 135,5 ; c'est-à-dire environ le décuple de la moindre dimension.

Si le plancher porte uue terrasse en dalles de marbre ou de granit de 0^m,24 d'épaisseur moyenne, il faut de bien plus fortes dimensions aux bois. Il vient pour le petit plancher, équarrissages 0^m,0894 et 0,244, charges 8983^k et 998,1 ; pour le moyen plancher, équarrissages 0,1419 et 0,494, charges 37700 et 1047^k2 ; enfin pour le grand plancher, équarrissages 0,2253 et 1,014, charges 167736 et 1164,8. La charge constante est de 961^k, et la variable 37,1—86,2 et 203,8, ou à peu près quatorze fois la largeur.

C'est pour rendre ces divers planchers plus comparables entr'eux, que nous avons fait constamment chaque travée de soliveaux, moitié moins large que longue. Leur largeur ne varie guère que de deux à trois mètres. D'après cela, les grands planchers renfermeroient trois poutres au lieu d'une seule. Mais nous ne rapporterons point les résultats relatifs à cette dernière hypothèse, parce qu'il est très-facile de les suppléer en suivant la marche tracée dans cet article.

34. Cherchons maintenant les dimensions du plancher de la seconde espèce. On peut subdiviser ce système en deux cas, selon que les madriers de chaque rangée sont jointifs, ou bien qu'ils laissent des intervalles formant caissons. Appellant l et l' les deux dimensions de la pièce à recouvrir, h et h' les épaisseurs des rangées qui leur sont parallèles : d'a-

près la condition que tout le pourtour porte également, la charge de la première rangée devra être $\frac{l'R}{l+l'}$ et celle de la seconde $\frac{lR}{l+l'}$; ainsi l'on déduira les dimensions inconnues, de ces équations $\frac{l'R}{l+l'}=908066\frac{l'h^2}{l}$ et $\frac{lR}{l+l'}=908066\frac{lh'^2}{l'}$. Dans une pièce quarrée $l=l'$, et $h=h'=\sqrt{\frac{R}{1816\,132}}$.

Lors du parquet. Si $l=3^m$, $R=2700^k$, $h=0{,}0386$, charge métrique $361^k{,}7$. Si $l=6$, $h=0{,}0771$, charge métrique $423^k{,}4$. Si $l=12$, $h=0{,}1542$, charge métrique $546^k{,}8$.

Lors du carrelage. Si $l=3$, $R=4644$, $h=0{,}0506$, charge métrique $596^k{,}9$. Si $l=6$, $h=0{,}1011$, charge 677,8. Si $l=12$, $h=0{,}2023$, charge $839^k{,}7$.

Lors des dalles. Si $l=3$, $R=8648^k{,}64$, $h=0{,}0690$, charge $1071^k{,}4$. Si $l=6$, $h=0{,}1380$, charge 1181,8. Si $l=12$, $h=0{,}2760$, charge 1402,6.

Il est douteux que cette espèce de plancher fût plus économique que celle d'usage, et il est certain qu'elle exigeroit plus de bois et seroit conséquemment plus pesante.

On améliorera sensiblement ce système, en disposant des rangées qui présentent, par exemple, moitié plus de vide que de plein; ou mieux encore, en adoptant la plus grande épaisseur possible de soliveaux, pour en conclure la largeur du plein.

Par la première hypothèse, $h=\sqrt{\frac{3lR}{908066(l+l')}}$, ou simplement dans le quarré, $h=\sqrt{\frac{R}{605377}}$.

Lors du parquet. Si $l=3$, $R=2988^k$, $h=0,0703$, poids total 3325^k, charge métrique 369,4. Si $l=6$, $R=11952$, $h=0,1405$, poids total 14650, charge métrique 406,9. Si $l=12$, $R=47808$, $h=0,2810$, poids total 69389, charge métrique 481,9.

Lors du carrelage. Si $l=3$, $R=4644$, $h=0,0876$, poids total 5064, charge métrique 562,7. Si $l=6$, $R=18576$, $h=0,1752$, poids total 21,939, charge métrique 609,4. Si $l=12$, $R=74304$, $h=0,3503$, poids total 101210, charge métrique 702,8.

Lors des dalles. Si $l=3$, $R=8648,64$, $h=0,1195$, poids total 9222, charge métrique $1024^k,7$. Si $l=6$, $R=34594,56$, $h=0,2390$, poids total 39184, charge métrique 1088,4. Si $l=12$, $R=138378,24$, $h=0,4781$, poids total 175096, charge métrique 1215,9.

Ces résultats sont encore un peu plus volumineux et pesans que les derniers du numéro précédent.

Par la seconde hypothèse, appelant e la largeur ensemble des solives parallèles au côté l, il vient $\frac{l'R}{l+l'}=908066\frac{eh^2}{l}$; et dans le quarré où $l=l'$, $e=\frac{Rl}{1816132h^2}$.

Pour le parquet. Si $l=3$, faisons $h=0,20$, alors $e=0,1234$, poids total 3106^k, charge métrique 345,1; au lieu d'une seule solive dans chaque rangée, il conviendroit d'en employer cinq de $0^m,0247$ de largeur. Si $l=6$, faisons $h=0,25$, alors $e=0,6318$, onze soliveaux de 0,0574, poids total 13468, charge métrique 374,1. Si $l=12$, faisons $h=0,40$, alors $e=1^m,9743$, vingt-trois soliveaux de 0,0858, poids total 62971^k, charge métrique 437,3

Pour le carrelage. Si $l=3$, faisons $h=0,25$, alors $e=0,1227$, cinq soliveaux de 0,0245, poids total 4791^k, charge métrique 532,3. Si $l=6$, faisons $h=0,30$, alors, $e=0,6819$, onze soliveaux de 0,0620, poids total 20540^k, charge métrique 570, 6. Si $l=12$, faisons $h=0,50$, alors $e=1,9638$, vingt-trois poutres de 0,0854, poids total de 93157^k, charge métrique de 646^k,9.

Pour les dalles. Si $l=3$, faisons $h=0,30$, alors $e=0,1587$, cinq soliveaux de 0,0317, poids total 8878^k, charge métrique 986,4. Si $l=6$, faisons $h=0,35$, alors $e=0,9330$, onze soliveaux de 0,0848, poids total 37730^k, charge métrique 1048,1. Si $l=12$, faisons $h=0,60$, alors $e=2,5398$, vingt-trois poutres de 0,1104, poids total 167636^k, charge métrique 1164,1.

Telles sont les combinaisons et les dimensions, qu'il semble qu'on substitueroit avec avantage aux planchers ordinaires. Les nôtres ne seroient pas plus pesans, ils seroient plus économiques, et porteroient plus également sur les murs. On pourroit leur reprocher, à la vérité, d'avoir de trop grandes épaisseurs, difficiles à bien relier, et d'un effet désagréable à la vue. On y remédieroit aisément, en renfermant les deux rangées de soliveaux entre les mêmes plans parallèles, et en les entaillant à mi-bois à toutes les rencontres. Mais, comme ce procédé diminueroit la force des soliveaux : au lieu d'en employer de rectangulaires, on feroit bien d'en employer de triangulaires de section équivalente, la rangée inférieure ayant la pointe en haut, et la supérieure sa pointe en bas : de cette manière, les entailles seroient moitié moindres; et l'on peut croire, d'après les expériences que M. Rondelet cite à la page 147 de son 4.e volume, que les pièces de bois ainsi fendues en coin, ne perdroient presque rien de leur force naturelle.

35. Nous avons fait sur l'usage du fer, quelques calculs qui nous ont démontré que l'emploi n'en seroit pas avantageux dans les planchers; parce que, pour obtenir la même légèreté qu'avec le bois, il faudroit dans les bandes de métal posées de champ, de grandes dimensions qui passent en hauteur les limites accoutumées. D'un autre côté, ces bandes seroient si minces qu'il ne devroit guères leur rester de force, selon l'une des remarques du n.° 27, qui nous autorise à croire qu'il ne conviendroit pas de donner en hauteur, aux planches de bois plus de dix fois, ni aux bandes de fer plus de vingt fois leur épaisseur.

On peut conclure des deux derniers numéros, que le poids total d'un mètre quarré de parquet ne sauroit dépasser 400 kilogrammes, celui d'un mètre de carrelage 600^k, et celui d'un mètre de dalles ou terrasses 1100^k, y compris la charge étrangère que nous supposons de 300^k. Pour les voûtes de briques, de tuffeaux ou de pierres légères, on peut semblablement adopter comme terme moyen 900^k; et pour les combles 800^k, eu égard à la neige dont ils peuvent être couverts et aux efforts du vent qu'ils peuvent éprouver, qui n'équivalent sûrement pas ensemble à plus de 450^k par mètre quarré de projection.

36. Ayant parlé assez longuement des planchers, disons aussi quelque chose sur les fondations.

Il n'en est pas besoin, si le sol sur lequel on bâtit est solide.

Si le sol immédiat est compressible, et que le fond solide se trouve à une profondeur médiocre, il est bon de descendre les fondations jusqu'à sa rencontre; et on les élargira plus ou moins, selon que le milieu environnant sera plus ou moins compressible. L'on sent effectivement qu'un mur élevé dans une eau tranquille, y ayant moins de poids que dans l'air, et étant moins exposé au déversement, n'a pas besoin d'autant d'épaisseur que s'il étoit environné d'air; par la même raison, son épaisseur sera sujette à diminuer encore davantage, s'il est au milieu de la vase, d'une terre légère, d'une terre compacte ou du tuf. Ainsi dans ces derniers cas, l'épaisseur des fondations pourroit être moindre que celle des constructions supérieures : comme on le remarque dans les édifices élevés sur des pilotis, où les pieux de forme presque conique, résistent beaucoup plus, par le petit bout enfoncé dans le solide, que par le haut et gros bout sujet à se fendre; et comme il arriveroit dans un édifice, dont les fondations seroient parfaitement solides, quoique plus étroites dans le bas que dans le haut, si elles étoient prolongées bien avant vers le centre de la terre.

Si l'on ne peut ou si l'on ne veut point descendre les fondations jusqu'au terrain solide, en supposant que les diverses parties de l'édifice soient parfaitement exécutées et combinées selon notre système, on pourroit se dispenser en quelque sorte de prendre aucune autre précaution, parce que le tassement auroit lieu uniformément, et qu'il n'altéreroit en rien l'ensemble et la solidité du bâtiment. Cependant ce ne seroit pas prudent, à cause des affouillemens susceptibles d'être occasionnés par les pluies, et des altérations d'équilibre qui ne manqueroient pas d'avoir lieu, par la mobilité des charges et des secousses étrangères. Il est donc bon de descendre les fondations à une certaine profondeur, crainte des affouillemens, et de leur donner une certaine étendue pour obvier aux tassemens.

37. Si l'incompressibilité du sol est représentée par π, c'est-à-dire, si un mètre quarré de terrain peut porter ce poids sans s'affaisser : pour un édifice dont le poids et la charge réunis forment P, il faudra que l'étendue des fondations soit au moins de $\frac{P}{\pi}$; mais aussi cette étendue sera suffisante, vû que dans le calcul de P on a dû faire entrer selon ce qui précède des charges réellement extraordinaires, et qu'on a donné aux murs une force décuple ou au moins bien surabondante.

Le plus souvent les murs ne présentent point dans leurs fondations l'étendue $\frac{P}{\pi}$, mais ils reposent sur des plateformes de bois qui doivent l'avoir, et pour que ces plateformes soient inflexibles, il faut que leur épaisseur soit d'autant plus grande que le mur qu'elles supportent est plus mince. Appelant a la largeur de la plateforme ou grillage, h son épaisseur et b celle du mur des fondations, et considérant comme un linteau la partie du grillage correspondante au mur, il viendra $(a-b)\pi = 908066\frac{h^2}{b}$, d'où $h = \frac{1}{953}\sqrt{\pi b(a-b)}$: le maximum d'épaisseur est donné par $b=\frac{1}{2}a$, ainsi h égalera au plus $\frac{a\sqrt{\pi}}{1906}$, le volume du grillage $h \times \frac{P}{a\pi} = \frac{P}{1906\sqrt{\pi}}$, et son poids $0{,}4197\frac{P}{\sqrt{\pi}}$.

Le coefficient $K=4867200$ trouvé pour les tuffeaux

au n.° 28, donne à croire que dans un banc de tuf chaque mètre quarré peut porter 4867200 kilogrammes. Supposons que l'on doive bâtir sur une terre cent fois moins résistante, et que l'édifice soit un mur de marbre ou de granit de cinquante mètres de hauteur sur un d'épaisseur, alors $P=137700^k$, $\pi=48672^k$, $a=2^m,829$; si $b=1^m,415$, $h=0^m,3275$. Cet exemple suffit pour faire voir comment on peut calculer l'étendue et l'épaisseur d'un grillage, quand on connoît la consistance du terrain et le poids du bâtiment. Plus un terrain sera compressible, plus il sera avantageux de rapprocher la largeur des fondations de celle du radier. On pourroit même supprimer celui-ci, en égalant les deux largeurs, et en dressant une assise inférieure composée de grands libages bien reliés ensemble. Mais pour que la charge se répartisse comme il faut sur toute leur étendue, il est bon que la communication soit rendue facile et presque directe, par des évasemens ménagés suffisamment d'avance, c'est-à-dire en général à partir du sol. Si la pierre est très-dure et par gros blocs, l'inclinaison pourra se rapprocher de la ligne horizontale, elle se rapprochera de la verticale dans le cas contraire. Il nous manque des experiences directes à ce sujet : cependant il est à présumer que les résultats auroient quelque analogie avec les équations horizontales sur la force des matériaux employés comme linteaux; et qu'en conséquence sur 1000 de hauteur, l'empatement ou le talus pourroit être de 147 pour le tuffeau, 422 pour la brique, 633 pour la pierre, 3278 pour le marbre et 4540 pour le bois.

Il est facile d'après cela de calculer la hauteur des fondations sans grillage, connoissant la dureté des matériaux et le talus qui en dérive : en effet, appelant t ce talus, il n'y a qu'à résoudre l'équation $\frac{P}{\pi}=a+2th$, d'où $h=\frac{P-a\pi}{2\pi t}$. Soit $\pi=48672$, $P=200000$ dans l'étendue d'un mètre quarré, $a=1$, il vient $h=\frac{1,4178}{t}$; ainsi pour le tuffeau $h=9^m,645$, pour la brique $h=3^m,360$, pour la pierre $h=2,240$, pour le marbre $0^m,433$, et pour le bois $0^m,312$. Il n'y auroit aucun inconvénient à adopter une plus grande profondeur ; mais si la nature du sol est uniforme, il est bon que toutes les parties des fondations descendent à la même profondeur.

38. En traitant de la force des matériaux posés debout, nous avons commencé à nous occuper des murs et des autres appuis isolés : revenons encore une fois sur ce sujet, pour montrer combien il est avantageux de les partager en étages par des planchers, toutes les fois que cela est possible. Prenons pour exemple un pilier quarré de pierre de quinze mètres de hauteur portant un poids de 15000 kilogrammes, et partagé en cinq parties par des planchers très-solides et très-légers, qui en embrassent tout le pourtour. Appelant x le côté du pilier, la formule générale $R=2090400\frac{s^2}{hc}$, devient ici $R=174200x^3$

Il en résulte pour le supérieur ou 5.e étage,

$15000=174200x^3, x=0,442$, poids 1288.

Pour l'étage suivant ou 4.e,

$16288=174200x^3, x=0,454$, poids 1361.

Pour le 3.e étage,

$17649=174200x^3, x=0,466$, poids 1436.

Pour le 2.e,

$$19085=174200x^3, x=0,479 \text{ , poids } 1513.$$

Et pour pour le 1.er ou rez de chaussée,

$$20598=174200x^3, x=0,491 \text{ , poids } 1591.$$

Quand même chaque plancher de séparation auroit environ vingt mètres de superficie ou bien peseroit 2000^k, les dimensions du pilier n'en seroient pas fort augmentées : le 5.e étage resteroit le même et il viendroit pour les autres,

4.e $18288=174200x^3, x=0_m,472$, poids 1470^k.

3.e $21758=174200x^3, x=0\ ,500$, poids 1651.

2.e $25409=174200x^3, x=0\ ,526$, poids 1830.

1.er $29239=174200x^3, x=0\ ,552$, poids 2010.

Maintenant supprimons les planchers, et calculons la grosseur du pilier, en lui supposant successivement 6, 9, 12 et 15^m de hauteur : nous obtiendrons à

6^m $15000=87100x^3, x=0,556$, poids du pilier 4090^k au lieu de 2649 ou bien 2758.

9^m $15000=58067x^3, x=0,637$, poids 8038 au lieu de 4085 ou bien 4409.

12^m $15000=43550x^3, x=0,701$, poids 12984 au lieu de 5598 ou 6239.

15^m $15000=34840x^3, x=0,755$, poids 18833 au lieu de 7189 ou 8249.

Les poids et les volumes du pilier dans la dernière hypothèse, sont avec ceux de la seconde, à peu près dans le rapport de la racine quarrée des hauteurs.

39. Mais il existe un grand nombre d'autres circonstances qu'il est difficile de soumettre au calcul, et qui résultent de ce que les murs ou piliers peuvent être reliés en haut ou en bas par des planchers, qu'ils peuvent l'être dans l'étendue d'un, deux, trois ou

quatre angles droits; que les murs peuvent être fermés ou non fermés, extérieurs ou de refend, etc. Nous avons cherché à modifier la formule générale $R=\frac{Ks^2}{hc}$, h étant toujours la hauteur du centre de gravité, de manière à l'appliquer à toutes ces circonstances. Nous avons été dirigés en cela par des considérations motivées, mais non démonstratives, ainsi nous ne présenterons que dubitativement les règles suivantes :

$R=\frac{Ks^2}{hc}=\frac{4Ks^2}{4hc}$, pour un pilier isolé reposant sur les quatre angles de l'étendue.

$R=\frac{3Ks^2}{4hc}$, pour un pilier isolé reposant sur trois angles.

$R=\frac{2Ks^2}{4hc}$, ou $\frac{Ks^2}{4hc}$ pour celui qui porte sur deux angles, ou sur un seul.

$R=\frac{3Ks^2}{8hc}$ pour un pilier isolé portant sur un mur.

$R=\frac{2Ks^2}{8hc}$ pour un mur isolé portant sur un autre mur.

$R=\frac{Ks^2}{8hc}$ pour un pilier isolé portant sur un autre pilier.

$R=\frac{8Ks^2}{4hc}$ pour le pilier isolé assis sur les quatre angles de l'étendue et supportant un plancher à quatre angles droits.

$R=\frac{7Ks^2}{4hc}$ pour le pilier semblable qui porte un plancher à trois angles.

$R=\frac{6Ks^2}{4hc}$ ou $\frac{5Ks^2}{4hc}$ Lorsque le plancher n'a que deux angles ou bien un seul.

$R=\frac{4Ks^2}{4hc}$ pour un mur isolé assis sur les quatre angles de l'étendue, et à peu près droit.

$R=\frac{5Ks^2}{4hc}$ pour un mur semblable et à moitié fermé, comme un demi cercle ou trois côtés d'un quarré.

$R=\frac{6Ks^2}{4hc}$ pour un mur semblable fermé entièrement, comme un cercle ou un quarré.

$R=\frac{7Ks^2}{4hc}$ pour un mur de refend commun à deux cours non fermées entièrement.

$R=\frac{8Ks^2}{4hc}$ pour un mur de refend commun à deux cours fermées entièrement.

En combinant deux à deux ces diverses formules, on peut prévoir tous les cas imaginables. Le plus avantageux est celui où un mur de refend commun à deux espaces entièrement fermés, repose sur une aire de quatre angles droits et porte un plancher analogue, alors $R=\frac{4Ks^2}{hc}$. Nous ne pourrions garantir l'exacte vérité de ces formules; mais nous les donnerons avec sécurité, tant qu'on s'en tiendra comme nous l'avons conseillé, au dixième des résultats théoriques; puisque, même dans le dernier exemple qu'on accuseroit plus aisément de hardiesse, on se borneroit aux quatre dixièmes de la théorie. Or les petites colonnes citées au numéro 29, démontrent qu'on peut en toute confiance adopter plus du tiers des résultats théoriques.

40. Après avoir examiné isolément les principales parties d'un édifice, il ne nous reste plus qu'à les considérer dans leur ensemble. Pour en déterminer

sûrement les dimensions, on commencera par l'étage supérieur; entre les divers murs ou piliers de cet étage, on cherchera celui qui devra le plus fatiguer, tant par sa position que par sa charge; on donnera à cet appui les dimensions que l'on jugera à propos, pourvu qu'elles soient supérieures à celles qu'indiquent l'expérience et le calcul : on en conclura le degré de la pression exercée sur cet appui, et l'on fera en sorte que toutes les autres parties de l'étage soient soumises à la même pression. Dans les étages suivans, on opérera semblablement. Ainsi la pression de chaque étage sera uniforme, mais elle n'aura pas besoin d'être la même que celle des autres étages. Il n'y a pas de rapport obligé entre les unes et les autres. Cependant, à moins que quelque motif de convenance ne s'y oppose formellement, on fera bien de suivre dans le degré des pressions une série croissante, telle que la pression de l'étage inférieur soit le double ou le triple de celle de l'étage supérieur.

On adoptera en général des dimensions assez considérables pour qu'il n'y ait point de tassement à craindre dans les murs ou piliers; néanmoins on ne sauroit éviter entièrement ce défaut, à cause de l'usage des mortiers : c'est pourquoi, afin qu'il ait lieu plus régulièrement, il conviendroit de n'employer que des matières parfaitement homogènes et disposées par assises horizontales. Mais s'il se trouve des matériaux plus ou moins durs dans un même étage, une fois que l'on a déterminé les dimensions de l'appui qui fatigue le plus, on ne doit pas avoir égard à la dureté, mais seulement à l'étendue des autres appuis, pour que la pression y soit uniforme. Certaines parties de l'édifice acquièrent alors une force surabondante, mais qui ne nuit point à la stabilité de l'équilibre général.

Tous ces principes sont trop simples, et dérivent trop immédiatement de la théorie établie dans notre première partie, pour qu'il soit besoin de les justifier davantage. Nous allons donc nous borner à montrer leur application à un exemple.

41. Proposons-nous une salle de douze mètres de longueur, six de largeur et neuf de hauteur, dont l'un des petits côtés soit tourné au nord, et qui soit précédée au midi d'un porche de six mètres de largeur comme la salle, trois de profondeur, six de hauteur, compris entre deux murs latéraux, et présentant dans sa façade quatre pilastres, dont deux isolés. Supposons que la grande salle soit couverte d'un carrelage, et surmontée d'un grenier de trois mètres de hauteur au-dessous du toit; que le porche soit couronné d'une terrasse. Supposons enfin que les pilastres soient de marbre, le mur intermédiaire en tuffeau, celui du nord en bois, celui de l'orient en brique, et celui de l'occident en pierre.

Commençant par le grenier, il est visible que c'est le mur sud de tuffeau qui doit le plus fatiguer. A son égard la formule est $R=\frac{2}{8}\times\frac{6}{4}\times\frac{6}{4}\frac{Ks^2}{hc}=\frac{9}{16}\frac{Ks^2}{hc}$; substituant les valeurs $9600=\frac{9}{16}\times486720\times\frac{36x^2}{36}$, d'où $x=0^m,187$: telle doit être au moins l'épaisseur commune aux quatre murs du grenier. Le mur de tuffeau pesera conséquemment 5427^k, celui de bois 2696^k, celui de brique 12134^k, et celui de pierre 14844^k. La pression sera de 8556.

A la hauteur du premier étage, il est incertain lequel fatigue le plus des murs de tuffeaux et de briques. Pour le premier, l'on auroit $R=\frac{9}{8}\frac{Ks^2}{hc}$, ou bien $9600+5427+7200=547560x^2$, d'où $x=0,201$, pression $\frac{22227}{1,206}=18430$. Pour le second, $R=\frac{9}{16}\frac{Ks^2}{hc}$, ou bien $19200+12134+14400=1424025x^2$, d'où $x=0,179$, pression $\frac{15734}{2,148}=21291$. Tenons-nous-en à la moindre pression qui est celle des tuffeaux, dont le mur conservera l'épaisseur de $0^m,201$ et pesera 5839^k; il viendra pour le mur en briques, épaisseur $\frac{45734}{221160}=0,207$ et poids $=13400^k$; pour le mur de bois, épaisseur $\frac{19496}{110380}=0,176$, poids $=2539$; pour le mur de pierre, épaisseur $\frac{48444}{221160}=0,219$, poids $=17364^k$.

Au rez de chaussée, l'appui le plus fatigué doit être cherché parmi un plus grand nombre, savoir le mur de tuffeau, les deux murs de brique et les piliers de marbre. L'on a pour le mur intermédiaire en tuffeaux, $R=\frac{3Ks^2}{hc}$, ou bien $22227+5839+6600=730080x^2$, d'où $x=0,218$, pression $=\frac{34666}{1,308}=26503$. Pour le mur en brique de la salle, $R=\frac{3}{2}\frac{Ks^2}{hc}$, ou bien $45734+13400=1898700x^2$, d'où $x=0,176$, pression $=\frac{59134}{2,112}=27999$. Pour le mur en brique du porche, $R=\frac{15}{8}\frac{Ks^2}{hc}$, ou bien $3300=593344x^2$, d'où $x=0^m,075$, pression $=\frac{3300}{0,225}=14667$. Pour les quatre piliers de marbre, $R=\frac{3}{2}\frac{Ks^2}{hc}$, ou bien $6600=2704080x^3$, d'où $x=0,135$, pression $=\frac{6600}{0,073}=90411$. La moindre pression doit être conservée, c'est celle du mur sud-est, dont l'épaisseur reste $0^m,075$; pour le mur intermédiaire, il vient x

$=\frac{34666}{88002}=0,394$; pour le mur nord-est $\frac{59134}{176004}=0^m,336$; pour le mur septentrional $\frac{22035}{88002}=0,250$; pour le mur nord-ouest $\frac{65808}{176004}=0^m,374$; pour le mur sud-ouest 0,075 comme au mur sud-est; et pour le côté d'un des piliers, $\sqrt{\frac{6600}{58668}}=0,335$.

Si l'on vouloit donner encore plus de solidité à tout l'édifice, sans se donner la peine de refaire autant de calculs, il n'y auroit qu'à se prescrire la pression 8000 à la hauteur des combles, 11000 à celle du premier étage et 14000 au rez de chaussée. Les épaisseurs successives du mur de tuffeau deviendroient $0^m,200$ — 0,342 — 0,466; celles du mur nord-est en brique 0,200 — 0,353 — 0,413; celles du mur nord en bois 0,200 — 0,253 — 0,278; celles du mur nord-ouest en pierre $0^m,200$ — 0,375 — 0,471; pour les murs latéraux du porche $0^m,079$, et pour le côté d'un pilastre $0^m,343$. Ces dimensions ne sont point étrangères à l'usage, si ce n'est celles des murs latéraux du porche, principalement à l'ouest : on pourroit en profiter pour y ménager des évidemens utiles, qui réduisissent par exemple la longueur de moitié, et qui permissent de doubler l'épaisseur.

42. Nous soumettons aux savans et aux gens de l'art, cette manière simple de calculer toutes les parties d'un édifice quelconque; les résultats heureusement ne paroissent pas éloignés des dimensions adoptées dans beaucoup de circonstances. Ils sont d'une part appuyés sur un grand nombre d'expériences que nous avons essayé de réduire en formules, et de l'autre part sur les principes de stabilité établis dans notre première partie. C'est surtout par rapport aux applications aux constructions, qu'il étoit nécessaire de traiter le cas où les appuis sont doués de résis-

tances inégales plus que suffisantes : nous avons démontré que ce cas rentroit dans celui des résistances égales. A l'égard de celui-ci, l'analyse mathématique nous laissant dans une indétermination complette qui n'existe pourtant point effectivement, nous avons osé scruter la nature dans une de ses opérations les plus intimes et les plus instantanées : nous avons cru reconnoître qu'elle prenoit toujours le parti le plus simple et le plus avantageux, dirigée non par sa propre intelligence, mais par celle de son AUTEUR à qui il répugneroit de prêter des vues destructives et imparfaites. Nous avons eu garde d'ailleurs de nous écarter des lois de la statique, de sorte qu'il seroit encore plus difficile de nier la possibilité de nos solutions, que d'en contester la réalité.

TABLE DES MATIÈRES

PAR ORDRE DES NUMÉROS ET DES PAGES.

Epître dédicatoire, Page 5

PREMIÈRE PARTIE.

De l'action d'un Poids sur les pieds d'une table.

N.° 1. *Considérations générales et principe fondamental,* 11
2. *Première démonstration de l'action d'un poids sur un support circulaire,* 12
3. *Seconde démonstration de la même action,* 14
4. *La pression est générale et uniforme quand le poids occupe le centre de figure d'un support quelconque,* 16
5. *La pression est uniforme, quel que soit le lieu du poids,* 17
6. *La pression est toujours terminée à une ligne droite,* 19
7. *Principe général sur les surfaces,* 21
8. *Le principe général des lignes en résulte immédiatement,* 22
9. *Il en est de même de celui des points,* 23
10. *Démonstration particulière du principe des points,* 24
11. *Exemples relatifs aux surfaces,* 25
12. *Remarques sur l'un de ces exemples,* 29
13. *Exemples relatifs aux lignes,* 31

N.° 14. *Exemples relatifs aux points,* Page 33
15. *Sur diverses applications résultantes de la théorie,* 35
16. *Exemples relatifs à ces applications,* 37
17. *Théorie des résistances inégales, mais suffisantes,* 40
18. *Théorie des résistances inégales et insuffisantes,* 41
19. *Exemple de l'application de cette théorie,* 43
20. *Remarques à l'occasion de cet exemple,* 44
21. *Règle générale pour tous les cas analogues,* 45
22. *Difficultés qui naîtroient de la réunion de plusieurs systèmes,* 47
23. *Exemple de la manière de trancher ces difficultés,* 49

SECONDE PARTIE.

Applications aux Constructions.

24. *Considérations générales sur la force des matériaux,* 51
25. *Formule relative aux poteaux,* 52
26. *Réflexions sur cette formule, dite verticale,* 53
27. *Formule horizontale relative aux linteaux,* 56
28. *Applications de la formule verticale au marbre, à la pierre, au tuffeau, au bois, etc.* 57
29. *Remarques sur la charge de plusieurs édifices,* 60

N.° 30. *Applications de la formule horizontale,* 61
31. *Sur la flexibilité des planchers,* 62
32. *Des planchers par travées et par caissons,* 63
33. *Calcul des dimensions des parquets, des carrelages et des terrasses dans le premier système,* 65
34. *Calculs analogues dans le second système,* 68
35. *Poids et charge des parquets, carrelages, terrasses, voûtes et combles,* 72
36. *Remarques sur les fondations,* 72
37. *Applications à plusieurs exemples,* 74
38. *Sur l'avantage de relier les murs par des planchers,* 76
39. *Force que les murs tirent de leurs situations respectives,* 77
40. *Manière d'appliquer la théorie à la construction d'un édifice quelconque,* 79
41. *Exemple sur un édifice où il entre du marbre, de la pierre, du tuffeau, de la brique et du bois,* 81
42. *Conclusion de l'ouvrage,* 83

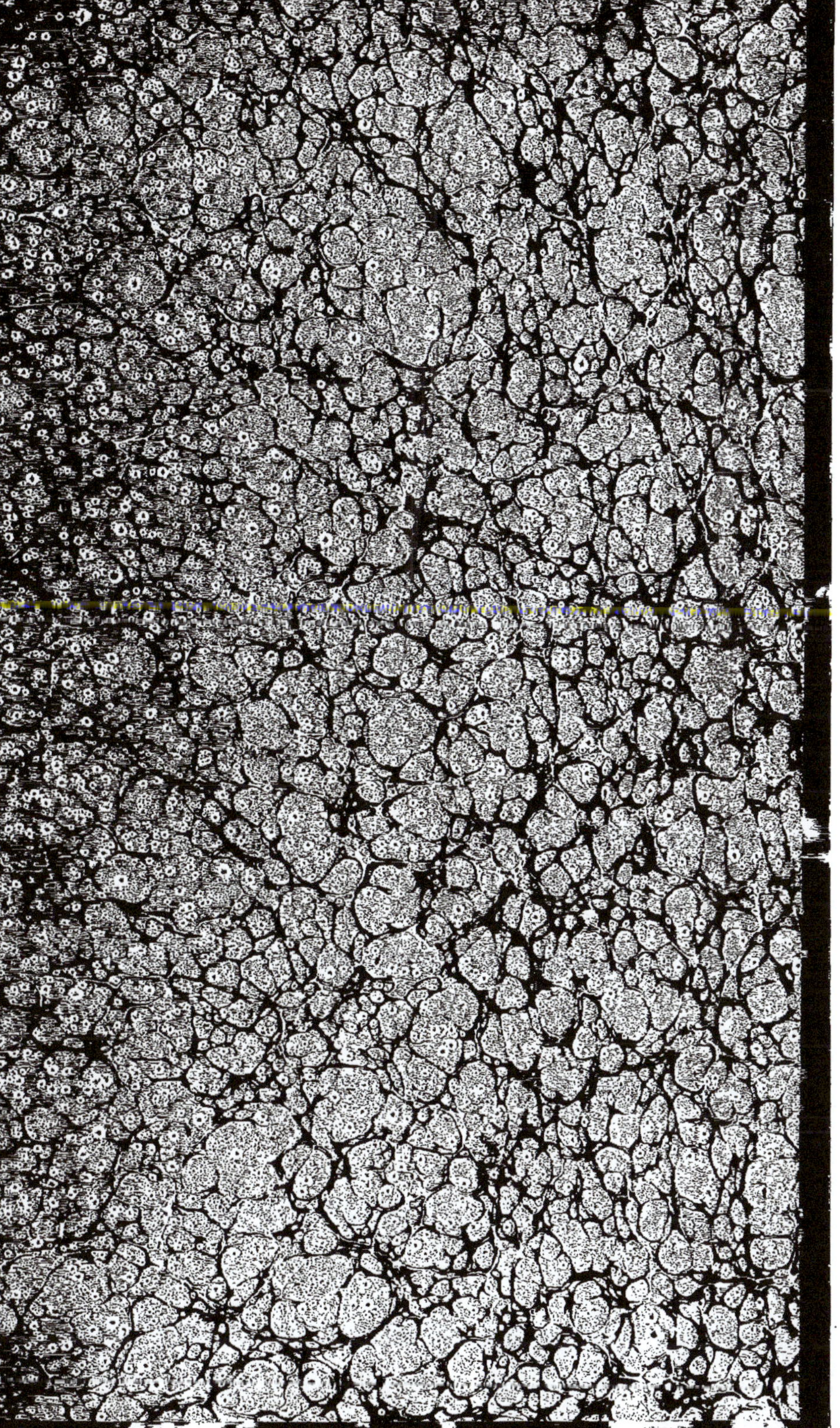

www.ingramcontent.com/pod-product-compliance
Ingram Content Group UK Ltd.
Pitfield, Milton Keynes, MK11 3LW, UK
UKHW020329250726
13967UKWH00004B/1940

9 782013 04145